西式烹调师基础

Cuisine

操作篇 & 理论篇

U0338553

上海市青浦区初等职业技术学校 编著

上海科技教育出版社

目 录
contents

操作编

- 基础原料加工
- 冷菜制作
- 三明治制作
- 汤菜制作
- 热菜制作

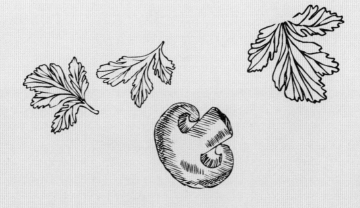

第一章　基础原料加工

1. 土豆的刀工处理

（1）将洗净外皮的土豆用水果刀以削旋的方式去皮（图1-1-1）。

（2）取最长的一刀将削皮土豆从中间剖开,然后将剖面朝下放在菜板上（图1-1-2）。

（3）从稍尖的一端开始将土豆一刀连一刀切成厚为2~2.5mm的片（图1-1-3）。

（4）将土豆片切成粗为2~2.5mm的丝（图1-1-4）。

（5）将土豆切成厚约8mm的厚片,再切成粗约8mm的条（图1-1-5）。

（6）将土豆条切成8mm见方的粒（图1-1-6）。

（7）将土豆切成长约6cm、宽约3cm见方的段（图1-1-7）。

（8）将土豆段用水果刀修成大小匀称、整齐光滑的腰鼓形（图1-1-8）。

图1-1-1　土豆去皮

图 1-1-2　土豆剖开

图 1-1-3　土豆切片

图1-1-4　土豆切丝

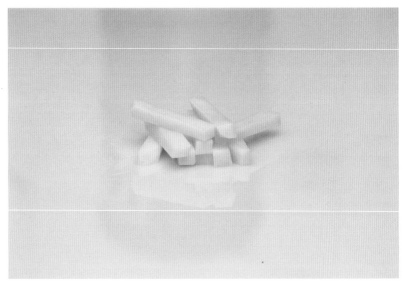

图1-1-5　土豆切条

图1-1-6　土豆切粒

图1-1-7　土豆切段

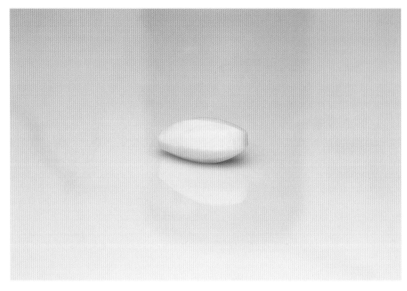

图1-1-8　土豆切腰鼓形

操作要点 •

（1）土豆切片的刀法为推切法，保持厚薄均匀。

（2）土豆片应摆放整齐后再切丝或切条，以便保持粗细均匀。

（3）土豆切后，须及时放入清水中防止氧化。

（4）切腰鼓形土豆运刀时，须一手用食指和拇指捏紧土豆段两端，一手持刀一刀划到底，尽量使得每个刀面的大小一致。

（5）其余根茎类蔬菜，如红菜头、胡萝卜等的刀工处理方法基本与土豆同。

2. 整鸡分档取料

（1）光鸡洗净后去爪。

（2）在鸡翅根与鸡身连接的关节处下刀切断筋膜（图1-2-1），将鸡翅与鸡身分离（图1-2-2）。

（3）切开鸡腹,将鸡胸撕离鸡身（图1-2-3）。

（4）鸡胸去皮修清边缘,整形成鸡胸肉。

（5）在鸡腿与鸡身连接的关节处下刀切断筋膜,将鸡腿撕离鸡身（图1-2-4）。

（6）将鸡胸肉顺丝切成宽约2.5mm的丝（图1-2-5）。

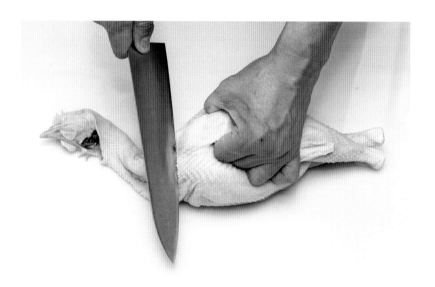

图1-2-1　整鸡去头、去爪

图1-2-2　鸡翅与鸡身分离

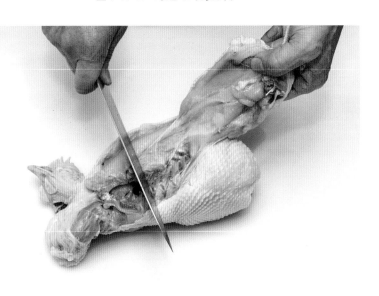

图1-2-3　鸡胸撕离

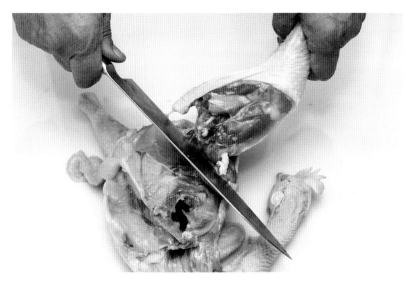

图1-2-4 鸡身与鸡腿分离

图1-2-5 鸡胸肉切丝

🔴 **操作要点** ••

(1) 取鸡胸时可先在胸骨处划两刀,在背脊处划一刀,以便将鸡胸肉从鸡壳上撕下。

(2) 取鸡腿时需要在关节处划上一刀,以便割断筋膜取下鸡腿。

(3) 鸡胸成品为2片,形态完整,表面无破损,肉不带皮,无碎末。

3. 鱼柳、鱼片和鱼丝的加工

（1）取一条重量为500g以上的鲈鱼，去内脏并刮净鱼鳞后洗净备用(图1-3-1)。

（2）在鲈鱼的鱼鳃处下刀划开鱼肉，紧贴龙骨运刀，将一侧鱼柳顺背鳍整块剔下(图1-3-2)。

（3）将鱼身翻转，再从尾部向头部运刀，紧贴龙骨将另一侧鱼柳整块剔下(图1-3-3)。

（4）将剔下部分的鱼柳带皮面朝下，在其尾部横切一刀至鱼皮处，不要切断。然后将刀口横转，一手捏住尾部，另一手运刀从切口处将整张鱼皮片下，然后修清鱼柳边缘(图1-3-4)。

（5）将去皮鱼柳先切片，再切成0.2~0.25cm粗的丝(图1-3-5)。

图1-3-1　鲈鱼去内脏并刮净鱼鳞

图1-3-2　在鲈鱼鱼鳃处下刀,剔下一侧鱼柳

图1-3-3　剔下另一侧鱼柳

图1-3-4　片下鱼柳上的鱼皮,修清去皮鱼柳的边缘

图1-3-5　切鱼片后切鱼丝

🍒 操作要点 • • • • • • • • • • • • • • • • • •

(1) 去鱼骨、鱼皮时要尽量保证出肉率,勿使鱼骨和鱼皮上带太多的鱼肉。

(2) 鱼片摆放整齐以后再切丝,但不宜堆叠过高,避免运刀时打滑。

1. 蛋黄酱及其衍生品制作

（1）制作蛋黄酱的原料包括：鸡蛋黄1个、色拉油200mL、白醋7g、黄芥末酱8g、盐1g、白胡椒粉0.5g（图2-1-1）。

（2）将蛋黄、黄芥末酱盛入碗中，用打蛋器打匀，至略稠（图2-1-2）。

（3）接着边搅打，边缓缓浇入色拉油，直至色拉油和蛋黄搅打均匀，呈黏稠状（图2-1-3）。

（4）缓缓加入白醋、盐、白胡椒粉搅打均匀，至其变色即成（图2-1-4）。

（5）取100g蛋黄酱，加入25g番茄酱、10g酸黄瓜丁、1g胡椒粉，搅拌均匀即成千岛酱（图2-1-5）。

（6）取100g蛋黄酱，加入2g辣椒酱汁、6mL白兰地、80g番茄沙司、2g盐、1g胡椒粉、6g李派林酱汁、4g柠檬汁，搅拌均匀即成鸡尾汁。

（7）取100g蛋黄酱，加入半个切碎的熟鸡蛋、20g酸黄瓜末、10g洋葱末、5g芹菜叶末、2g盐、1g胡椒粉，搅拌均匀即成太太沙司。

图2-1-1　蛋黄酱原料

图2-1-2　打匀蛋黄、黄芥末酱

图2-1-3　打匀色拉油和蛋黄

图2-1-4　缓缓加入白醋、盐、白胡椒粉搅打均匀至变色

图2-1-5　千岛酱的成品

🍒 **操作要点** •

（1）宜用弧面较大、碗身较深的碗，以便于打蛋器的操作。

（2）用新鲜的蛋黄。尤其要注意，做蛋黄酱的鸡蛋不可经冰箱贮藏，以免蛋黄失去弹性而易于散开。

（3）倒入色拉油时应缓慢，边倒边搅打，以使油与蛋黄有充分融合的时间。

2. 油醋汁制作

（1）制作意大利油醋汁的原料包括：橄榄油60mL、黑醋30mL、蒜泥3g、洋葱末2g、黄芥末15g、芫荽末1g、百里香0.5g、盐0.5g、白胡椒粉0.2g(图2-2-1)。

（2）黄芥末、洋葱末、蒜泥加入碗内，边搅拌边加入橄榄油打匀(图2-2-2)。

（3）加入黑醋，搅打至一定稠度(图2-2-3)。

（4）最后加入盐、白胡椒粉和芫荽末，即成意大利油醋汁(图2-2-4)。

（5）制作法国油醋汁的原料包括：橄榄油60mL、白酒醋30mL、蒜泥3g、洋葱末2g、黄芥末15g、彩椒粒10g、芫荽末1g、百里香0.5g、盐0.5g、白胡椒粉0.2g(图2-2-5)。

（6）黄芥末、洋葱末、蒜泥、彩椒粒加入碗内，边搅拌边加入橄榄油打匀(图2-2-6)。

（7）加入白酒醋，搅打至一定稠度(图2-2-7)。

（8）最后加入盐、白胡椒粉和芫荽末，即成法国油醋汁(图2-2-8)。

图2-2-1　意大利油醋汁原料

图2-2-2　黄芥末、洋葱末、蒜泥拌入橄榄油

图2-2-3　加入黑醋打稠

图2-2-4　意大利油醋汁成形

图2-2-5　法国油醋汁的原料

图2-2-6　黄芥末、洋葱末、蒜泥、彩椒粒拌入橄榄油

图2-2-7　加入白酒醋打稠

图2-2-8　法国油醋汁成形

🍒 操作要点 ●

（1）主料、辅料和调料充分搅拌均匀。

（2）油醋汁静置后容易产生油醋分离,使用时应再次搅拌或摇晃器
　　皿。

3. 用蛋黄酱拌制蔬菜色拉

（1）制作鸡蛋芦笋色拉的原料包括：熟鸡蛋2个、芦笋50g、烤核桃仁3g、杏仁片2g、蛋黄酱20g、樱桃番茄15g，盐、白胡椒粉适量（图2-3-1）。

（2）芦笋焯水至断生，用冰水冷却后切段；将熟鸡蛋用夹蛋器，夹成蛋角；切碎烤核桃仁、樱桃番茄（图2-3-2）。

（3）蛋角、芦笋混合后淋上蛋黄酱，加盐和白胡椒粉调味，适度搅拌（图2-3-3）。

（4）缀以樱桃番茄，撒上核桃仁碎及杏仁片，即成鸡蛋芦笋色拉成品（图2-3-4）。

（5）制作金枪鱼时蔬色拉的原料包括：油浸金枪鱼40g、土豆丁15g、黄瓜丁30g、花式生菜20g、洋葱末5g、蛋黄酱25g、樱桃番茄15g、芫荽末2g、橄榄油5mL，盐、黑胡椒碎适量（图2-3-5）。

（6）煮熟土豆丁。

（7）将黄瓜丁、土豆丁、洋葱末、油浸金枪鱼、蛋黄酱、盐、黑胡椒碎、搅拌均匀（图2-3-6）。

（8）缀以樱桃番茄，撒上芫荽末，即成金枪鱼时蔬色拉成品（图2-3-7）。

图2-3-1　鸡蛋芦笋色拉的原料

图2-3-2　芦笋焯水切段,夹蛋角,切核桃碎仁、樱桃番茄

图2-3-3　拌制鸡蛋芦笋色拉

图2-3-4　鸡蛋芦笋色拉成品

图2-3-5　金枪鱼时蔬色拉的原料

图2-3-6　拌制金枪鱼时蔬色拉

图2-3-7 金枪鱼时蔬色拉成品

🍒 **操作要点** ••••••••••••••••••••••••••••••••

(1) 蛋黄酱如果太厚,可加入少量牛奶搅拌均匀后使用,既有一定流动感,又能增加香味。

(2) 制作金枪鱼时蔬色拉的蔬菜丁的大小须一致,土豆宜选用糯性的品种,以保证口感。

4. 用蛋黄酱拌制水果色拉

（1）制作菠萝鸡肉色拉的原料包括：鸡胸肉50g、罐装菠萝50g、洋葱8g、百里香2g、西芹段3g、蛋黄酱30g、橄榄油5mL、白葡萄酒10mL，盐、白胡椒粉适量（图2-4-1）。

（2）鸡胸肉加百里香、西芹段、白葡萄酒在水中煮熟（图2-4-2）。

（3）将煮熟的鸡胸肉放入冰水中迅速冷却后切丁，罐装菠萝切丁后沥干水分（图2-4-3）。

（4）鸡丁和菠萝丁加蛋黄酱、盐、白胡椒粉、白葡萄酒搅拌均匀（图2-4-4），即成菠萝鸡肉色拉（图2-4-5）。

（5）制作西芹苹果色拉的原料包括：苹果60g、西芹40g、混合生菜5g、樱桃番茄20g、烤核桃5g、蛋黄酱50g、白汁10mL，盐、白胡椒粉适量（图2-4-6）。

（6）西芹洗净，焯水用冰水冷却后切成斜片；苹果去皮切片；樱桃番茄切丁（图2-4-7）。

（7）西芹片与苹果片拌入蛋黄酱、白汁，搅拌均匀（图2-4-8），堆叠于盘中，撒上核桃碎与番茄丁，加混合生菜装饰（图2-4-9）。

图2-4-1 菠萝鸡肉色拉的原料

图2-4-2 鸡胸肉煮熟

图2-4-3　鸡丁和菠萝丁

图2-4-4　拌制菠萝鸡肉色拉

图2-4-5 菠萝鸡肉色拉成品

图2-4-6 西芹苹果色拉的原料

图2-4-7　西芹和苹果切片,番茄切丁

图2-4-8　西芹片与苹果片拌入蛋黄酱、白汁搅拌均匀

图2-4-9　西芹苹果色拉成品

操作要点 •

（1）鸡胸煮到刚断生为好;鸡肉切丁后要及时加调料搅拌,勿使其风干。

（2）西芹如口感较老,应去筋后再焯水;西芹如口感较嫩,可生食,不必焯水。

（3）苹果去皮切片后应及时浸入净水,防止其氧化变色。

5. 热色拉制作

（1）制作德国土豆色拉的原料包括：土豆100g、培根1片、洋葱10g、樱桃番茄3个、生菜10g、芫荽末3g、黄芥末20g、鸡汤100mL、橄榄油20mL、黑醋5mL、盐、白胡椒粉适量（图2-5-1）。

（2）土豆放入水中煮至七八成熟去皮，切片；培根切丝（图2-5-2）。

（3）将培根、洋葱切丝炒香，加入土豆片和黄芥末，倒入鸡汤煮土豆至全熟并有黏稠感，加黑醋、盐、白胡椒粉调味后起锅装盆（图2-5-3），缀以生菜、芫荽末等即为德国土豆色拉成品（图2-5-4）。

（4）制作意大利茄子色拉的原料包括：茄子200g、罗勒叶10g、橄榄油10g、蒜泥10g、洋葱20g、芫荽3g、盐、白胡椒粉适量（图2-5-5）。

（5）茄子切月牙片；洋葱和大蒜头切末（图2-5-6）。

（6）洋葱末和蒜末炒香后，放入茄子片煎透（图2-5-7），用盐、白胡椒粉调味，撒上芫荽，缀以罗勒叶、樱桃番茄等即为意大利茄子色拉成品（图2-5-8）。

图2-5-1　德国土豆色拉的原料

图2-5-2 土豆煮熟切片,培根切丝

图2-5-3 将土豆煮至有黏稠感后起锅装盆

图2-5-4　德国土豆色拉成品

图2-5-5　意大利茄子色拉的原料

图2-5-6 茄子切片,洋葱和蒜头切末

图2-5-7 煎透茄子片

图2-5-8　意大利茄子色拉的成品

🥄 **操作要点** ●

（1）煮土豆时应轻轻搅拌，勿使其粘底和碎裂。

（2）黑醋应出锅前加入，否则宜挥发。

（3）茄子切片后可浸入冷水，以防褐变。

1. 火腿芝士三明治制作

（1）制作火腿芝士三明治的原料包括：三明治面包（方包）4片、火腿2片、芝士2片、薯条20g、混合蔬菜8g、番茄沙司15g（图3-1-1）。

（2）在专用三明治炉内抹上黄油。

（3）取两片三明治面包片，去皮修整。

（4）在其中一片三明治面包片上放上火腿、芝士。

（5）将另一片面包片盖上，放入三明治炉中加热至芝士化开、外表呈金黄色。

图3-1-1　火腿芝士三明治的原料

（6）将薯条在炸锅内炸至金黄色。

（7）将做好的三明治从三明治炉取出，与薯条一同叠放装盘（图 3-1-2）。

图3-1-2 火腿芝士三明治的成品

🍳 操作要点 ••••••••••••••••••••••

（1）薯条可进行复炸，使其外脆里嫩。

（2）制作火腿芝士三明治的时候，注意火腿片和芝士片不可太厚，否 则会影响三明治炉的使用。

2. 公司三明治制作

（1）制作公司三明治的原料包括：三明治面包（方包）3片、生菜1片、酸黄瓜30g、番茄50g、培根1片、火腿1片、鸡蛋1个、盐0.5g、蛋黄酱50g（图3-2-1）。

（2）三片三明治面包在吐司炉中烤至表面稍硬。

（3）培根在煎锅内煎熟。

（4）鸡蛋加盐打均匀后煎成蛋皮。

（5）薯条在炸锅内炸至金黄色。

（6）在烤好的三片三明治面包片的一面上涂蛋黄酱。

（7）取一片三明治面包片，依次放上生菜、火腿、番茄片。

（8）盖上另一片面包片，再放上生菜、蛋皮、煎培根、酸黄瓜片，接着盖上第三片面包片。

图3-2-1　公司三明治的原料

(9) 将以上叠放好的三明治切去边皮,并沿对角线一切为四,插上牙签,竖放装盘,中间配放上薯条(图3-2-2)。

图3-2-2 公司三明治的成品

🍒 **操作要点** •

制作公司三明治必须使用面包刀进行切割,以免切碎面包片。

1. 浓汤制作

（1）制作罗宋汤的原料包括：牛胸肉 200g、卷心菜 40g、胡萝卜 20g、土豆 20g、芹菜 20g、洋葱 20g、蒜蓉 5g、番茄 50g、油面酱 20g、香叶 2 片、辣酱油 0.5g、番茄酱 10g、盐 2g、黑胡椒粉 0.5g、糖 0.5g、橄榄油 50mL（图 4-1-1）。

（2）牛胸肉在锅中煮熟后取出改刀切片，牛肉汤备用。

（3）蒜蓉和洋葱末炒香后，加入卷心菜、胡萝卜、西芹一起炒软（图 4-1-2），加入番茄酱，炒至其色泽变深（图 4-1-3）。

（4）再加入油面酱、香叶、牛肉片、土豆，充分搅拌后倒入牛肉汤同煮（图 4-1-4）。

（5）煮土豆至熟软后，加盐、黑胡椒粉、辣酱油调味后装盆（图 4-1-5）。

（6）制作乡下浓汤的原料包括：熟火腿丝 100g、洋葱半个、番茄 1 个、胡萝卜半根、卷心菜 300g、西芹 1 根、月桂叶 1 片、面粉 10g、番茄酱 10g、盐 2g、黑胡椒粉 0.5g、橄榄油 50mL（图 4-1-6）。

（7）番茄洗净，放入热水中烫煮一下，之后泡冷水，剥去外皮，切成小片。

（8）洋葱、胡萝卜和白菜分别切丝，西芹切段。

（9）用油先将熟火腿丝和洋葱丝炒软，继续加入其他蔬菜料和番茄酱，炒至菜料变软（图 4-1-7）。

（10）用橄榄油将面粉炒香，加入清汤搅匀，倒入炒菜锅中，再加月桂叶，以小火煮约 15 分钟（图 4-1-8），至蔬菜软烂，拣出西芹段和月桂叶，加盐和黑胡椒粉调味后装盆（图 4-1-9）。

图4-1-1　罗宋汤的原料

图4-1-2　加入卷心菜、胡萝卜、西芹一起炒软

图4-1-3　加入番茄酱炒至蔬菜的色泽变深

图4-1-4　煮制罗宋汤

图4-1-5　罗宋汤成品

图4-1-6　乡下浓汤的原料

图4-1-7 炒软乡下浓汤中的菜料

图4-1-8 煮制乡下浓汤

图4-1-9　乡下浓汤成品

操作要点

（1）罗宋汤需要慢火煮制,这样才能使其中的原料酥烂,勿用急火,
以免汤水迅速收干。

（2）乡下浓汤不必用牛肉熬制汤底,可以用一般的高汤甚至清水。

2. 清汤制作

（1）制作鸡肉素菜汤的原料包括：鸡胸100g、卷心菜30g、胡萝卜15g、西芹15g、土豆15g、洋葱10g、番茄25g、蒜泥3g、香叶1片、百里香0.5g、橄榄油30mL，盐、白胡椒粉适量（图4-2-1）。

（2）鸡胸在锅中煮熟后切丁，鸡汤备用。

（3）卷心菜、西芹、胡萝卜、番茄、京葱、洋葱切粒。

（4）土豆切丁后，浸泡在清水中。

（5）锅中倒入橄榄油烧热，放入洋葱、蒜泥炒香，加入胡萝卜、西芹、卷心菜、番茄粒、土豆丁翻炒（图4-2-2）。

（6）在翻炒后的菜料中加入鸡汤、鸡肉丁、百里香，煮至蔬菜酥而不烂（图4-2-3），然后加盐和胡椒调味即成（图4-2-4）。

（7）制作意大利杂菜汤的原料包括：卷心菜30g、意大利节瓜30g、胡萝卜20g、洋葱30g、蒜泥5g、土豆20g、西芹20g、番茄20g、培根1片、罐装红腰豆10g、意大利面3g、帕马森芝士3g、鸡汤200mL、罗勒2g、番茄酱30g，盐、白胡椒粉适量（图4-2-5）。

（8）将卷心菜等蔬菜切成指甲粒大小，培根也切成大小相仿的粒（图4-2-6）。

（9）用黄油将洋葱、蒜泥、罗勒叶炒香，加入各种蔬菜粒和培根粒翻炒（图4-2-7）。

（10）在翻炒后的菜料中加入番茄酱，炒匀后倒入鸡汤，煮开后改用小火煮至蔬菜粒酥软（图4-2-8）。

（11）出汤时加盐调味，再倒入红腰豆和通心粉即可（图4-2-9）。

图4-2-1　鸡肉素菜汤的原料

图4-2-2　翻炒鸡肉素菜汤中的蔬菜

图4-2-3　煮制鸡肉素菜汤

图4-2-4　鸡肉素菜汤成品

图4-2-5 意大利杂菜汤的原料

图4-2-6 蔬菜和培根切粒

图4-2-7　翻炒蔬菜粒和培根粒

图4-2-8　用鸡汤煮软菜料

图4-2-9　意大利杂菜汤成品

🍮 **操作要点** ••••••••••••••••••••••••••••••••

（1）煸炒蔬菜时要用大火，并不停搅拌，勿使其粘底。

（2）煮汤时须用文火，使蔬菜的香味充分融入汤中。

（3）意大利杂菜汤的一般配料有洋葱、西芹、胡萝卜和豆子，但无特定材料，感觉适配的，都可以加在其中。

3. 奶油汤制作

（1）以奶油南瓜甜橙汤为例，制作原料包括：去皮去籽南瓜肉150g、甜橙1个、洋葱5g、鸡汤250mL、奶油5mL、豆蔻粉1g、盐1g、白胡椒粉0.5g（图4-3-1）。

（2）将橙子切开挖肉，预留完整的三瓣橙肉和少量橙皮作装饰。

（3）炒香洋葱，加入切片南瓜炒软（图4-3-2）；倒入鸡汤，煮南瓜至酥烂（图4-3-3）。

（4）汤中加入甜橙肉，倒入搅拌机粉碎过筛后即成甜橙汤。

（5）甜橙汤倒回锅内，边煮边搅拌，煮至一定厚度，加盐、白胡椒粉、豆蔻粉调味（图4-3-4）。

（6）装盘后淋入奶油（图4-3-5）。

图4-3-1 奶油南瓜甜橙汤的原料

图4-3-2　炒香洋葱,加入切片南瓜炒软

图4-3-3　煮烂南瓜

图4-3-4   搅拌甜橙汤和南瓜汤,并煮至一定厚度

图4-3-5   奶油南瓜甜橙汤成品

🍒 操作要点 ●

南瓜一定要煮至酥烂,搅拌机粉碎一定要充分,这样才会有滑爽的口感。

1. 布朗沙司及其衍生品制作

（1）制作布朗沙司的原料包括：牛基础汤300mL（以牛骨、碎牛肉、牛筋等熬制）、洋葱50g、番茄酱15g、西芹25g、胡萝卜25g、红葡萄酒50mL、油面酱30g、香叶1片、百里香3g、色拉油5mL、盐1g、黑胡椒粉0.5g（图5-1-1）。

（2）锅烧热，倒入色拉油，放入洋葱、胡萝卜、西芹炒香（图5-1-2）。

（3）在炒香的蔬菜中倒入番茄酱，改慢火炒至深褐色（图5-1-3）。

（4）倒入红葡萄酒浓缩，过滤出汤汁（图5-1-4）。

（5）将过滤出的汤汁徐徐加入油面酱中，并不停搅拌，烧开后过滤，倒入牛基础汤中煮沸，加盐、黑胡椒粉调味即可（图5-1-5）。

（6）制作洋葱沙司的原料包括：80g洋葱碎、100mL布朗沙司、20mL红酒（图5-1-6）。

（7）炒香80g洋葱碎（图5-1-7），倒入红酒收浓（图5-1-8）。

（8）拌入布朗沙司（图5-1-9），煮沸后即成洋葱沙司（图5-1-10）。

（9）制作黑胡椒汁的原料包括：10g黑胡椒碎、100mL布朗沙司、20g洋葱碎、20mL红酒（图5-1-11）。

（10）炒香10g黑胡椒碎和20g洋葱碎（图5-1-12），倒入红酒收浓（图5-1-13）。

（11）拌入布朗沙司(图5-1-14)，煮沸后即成黑胡椒汁(图5-1-15)。

（12）制作金酒沙司的原料包括：15mL金酒、100mL布朗沙司、20g洋葱碎(图5-1-16)。

（13）炒香洋葱碎，倒入金酒(图5-1-17)。

（14）拌入布朗沙司搅拌煮沸后即成金酒沙司(图5-1-18)。

图5-1-1 布朗沙司的原料

图5-1-2　炒香蔬菜

图5-1-3　炒番茄酱至深褐色

图5-1-4　倒入红葡萄酒浓缩

图5-1-5　布朗沙司成品

图5-1-6 洋葱沙司的原料

图5-1-7 炒香洋葱

图5-1-8　倒入红酒收浓

图5-1-9　拌入布朗沙司

图5-1-10 洋葱沙司成品

图5-1-11 黑胡椒汁的原料

图5-1-12　炒香黑胡椒碎和洋葱碎

图5-1-13　倒入红酒收浓

图5-1-14 拌入布朗沙司

图5-1-15 黑胡椒汁成品

图5-1-16 金酒沙司的原料

图5-1-17 炒香洋葱碎,倒入金酒

图5-1-18　金酒沙司成品

🔴 操作要点 ●

（1）油面酱要用文火炒至深褐色。

（2）倒入红葡萄酒浓缩时可点燃，以使其酒精充分挥发。

2. 奶油沙司及其衍生品制作

（1）制作奶油沙司的原料包括：奶油50mL、牛奶50mL、白葡萄酒20mL、洋葱碎10g、油面酱20g、盐1g、白胡椒粉0.5g（图5-2-1）。

（2）炒香洋葱碎，倒入白葡萄酒收浓（图5-2-2）。

（3）加牛奶在锅中烧开（图5-2-3），倒入油面酱搅拌均匀，过滤出汤汁。

（4）汤汁中倒入奶油烧开，加盐、白胡椒粉调味即可（图5-2-4）。

（5）将15g洋葱碎炒香，倒入20mL白葡萄酒，拌入100mL奶油沙司和15g罗勒叶碎即成奶油罗勒沙司（图5-2-5、图5-2-6）。

（6）将3mL白松露油拌入100mL奶油沙司即成白松露奶油沙司（图5-2-7、图5-2-8）。

（7）将30g芝士烧融后拌入100mL奶油沙司即成奶油芝士沙司（图5-2-9、图5-2-10）。

图5-2-1　奶油沙司的原料

图5-2-2 炒香洋葱碎,倒入白葡萄酒收浓

图5-2-3 加牛奶在锅中烧开

图5-2-4 奶油沙司成品

图5-2-5 奶油罗勒沙司的原料

图5-2-6　奶油罗勒沙司成品

图5-2-7　白松露奶油沙司的原料

图5-2-8 白松露奶油沙司成品

图5-2-9 奶油芝士沙司的原料

图5-2-10　奶油芝士沙司成品

操作要点

(1) 油面酱在炒制的时候应特别注意火候,既要充分融合,又不能让面酱颜色变深。

(2) 奶油沙司的厚度不可过厚,以免稍冷后沙司就凝结。

3. 番茄沙司及其衍生品制作

（1）制作番茄沙司的原料包括：番茄膏25g、意大利罐装去皮番茄200g、新鲜去皮番茄100g、洋葱10g、番茄酱30g、大蒜3g、干葱3g、糖2g、牛膝草0.5g、罗勒0.5g、香叶1片、盐1g、白胡椒粉0.5g（图5-3-1）。

（2）将意大利罐装去皮番茄和新鲜去皮番茄在搅拌机中打碎。

（3）将洋葱、干葱、蒜蓉在油锅中炒香，倒入打碎的番茄，加入番茄酱在锅中一同搅拌（图5-3-2），然后放入牛膝草、香叶、罗勒叶，慢火煮至水分收干呈糊状，加盐、白胡椒粉调味即可（图5-3-3）。

（4）取15g黑橄榄切碎，拌入100mL番茄沙司烧煮后即成黑橄榄番茄沙司（图5-3-4、图5-3-5）。

（5）取30g罐装金枪鱼鱼肉，拌入100mL番茄沙司烧煮后即成金枪鱼番茄沙司（图5-3-6、图5-3-7）。

（6）取2g罗勒叶切碎，和5mL辣椒汁一同拌入100mL番茄沙司烧煮后即成番茄辣椒罗勒汁（图5-3-8、图5-3-9）。

图5-3-1　番茄沙司的原料

图5-3-2　洋葱、干葱、蒜蓉炒香后,倒入打碎的番茄和番茄酱一同搅拌

图5-3-3 番茄沙司成品

图5-3-4 黑橄榄番茄汁的原料

图5-3-5　黑橄榄番茄汁成品

图5-3-6　金枪鱼番茄沙司的原料

图5-3-7　金枪鱼番茄沙司成品

图5-3-8　番茄辣椒罗勒汁的原料

图5-3-9　番茄辣椒罗勒汁成品

🍒 **操作要点** •

（1）番茄沙司制作时，既要控制好火候，又要不停搅拌，勿使其粘底。

（2）打碎番茄时可加入西芹和胡萝卜，这样口味更平和。

4. 煎类菜肴制作

（1）制作煎鱼柳的原料包括：净鱼柳1片（不少于120g）、西蓝花20g、胡萝卜20g、土豆50g、柠檬片1片、香草番茄汁30mL、纯清黄油30mL、白葡萄酒5mL、柠檬汁少许、盐1g、白胡椒粉0.5g（图5-4-1）。

（2）鱼柳用盐、白胡椒粉、白葡萄酒、柠檬汁调味后拍上面粉，放入煎盘用纯清黄油煎成金黄色（图5-4-2）。

（3）将煎好的鱼柳放于盘中，淋上香草番茄汁，边上放配菜和柠檬片（图5-4-3）。

（4）制作煎羊排的原料包括：七指羊排3块（不少于150g）、新鲜迷迭香5g、布朗沙司100mL、红葡萄酒20mL、黄芥末7g、蒜蓉6g、洋葱末10g、切块土豆100g、西蓝花3朵、去皮手指胡萝卜2根，黄油、色拉油、盐、白胡椒粉适量（图5-4-4）。

（5）羊排用盐、白胡椒粉、黄芥末腌渍后用色拉油煎至五成熟（图5-4-5）。

（6）黄油炒香洋葱末、蒜蓉，加入红葡萄酒，烧至浓稠，加布朗沙司、迷迭香，烧开调味，制成迷迭香汁。切块土豆、西蓝花和去皮手指胡萝卜分别煮熟后在黄油中炒香并调味，制成配菜。盘中放入煎熟的羊排，淋上沙司，加入配菜（图5-4-6）。

图5-4-1 煎鱼柳的原料

图5-4-2 煎鱼柳的过程

图5-4-3　煎鱼柳的摆盘

图5-4-4　煎羊排的原料

图5-4-5　煎羊排的过程

图5-4-6　煎羊排的摆盘

操作要点

（1）煎鱼柳要用旺火，不要随意翻动，以免表皮破损。至其表皮煎上
色后再可翻面。

（2）羊排五至七成熟口感最佳。

（3）迷迭香要控制好用量，过多会有苦味。

5. 炒类菜肴制作

（1）制作俄式炒牛肉丝的原料包括：牛菲力200g、洋葱20g、彩椒丝50g、番茄条20g、蘑菇片20g、蒜蓉6g、酸黄瓜丝20g、布朗沙司80mL、红葡萄酒20mL、酸奶40mL、番茄酱30g、米饭50g，色拉油、盐、白胡椒粉适量（图5-5-1）。

（2）洋葱丝炒香后加入顺丝切成的牛肉丝，炒至牛肉丝变色，喷入红葡萄酒，加入番茄酱、布朗沙司，略翻炒后加入酸黄瓜丝、彩椒丝、蘑菇片翻炒，用盐、白胡椒粉调味即可（图5-5-2）。

（3）盘中放入炒好的牛肉丝，淋上酸奶，配米饭即成（图5-5-3）。

（4）制作西式炒饭的原料包括：米饭100g、方腿丁40g、洋葱碎10g、青豆20g、胡萝卜丁20g、鸡蛋2只、白葡萄酒20mL、高汤30mL，色拉油、盐、白胡椒粉适量（图5-5-4）。

（5）青豆与胡萝卜丁焯熟，与炒熟的鸡蛋、方腿丁拌和在一起（图5-5-5）。

（6）爆香洋葱碎，放入青豆、胡萝卜丁、鸡蛋、方腿丁，与米饭一同充分翻炒后起锅装盆（图5-5-6）。

图5-5-1　俄式炒牛肉丝的原料

图5-5-2　俄式炒牛肉丝的制作

图5-5-3　俄式炒牛肉丝的摆盘

图5-5-4 西式炒饭的原料

图5-5-5 西式炒饭的翻炒

图5-5-6　西式炒饭成品

🍒 **操作要点** •

(1)制作俄式炒牛肉丝的牛肉丝要顺丝切,否则在烹制过程中易断。

(2)制作西式炒饭只需要充分翻炒,不需要加水焖。

6. 炸类菜肴制作

（1）制作英式炸鱼排的原料包括：净鱼柳2片(不少于120g)、面粉25g、鸡蛋30g、面包糠50g、太太沙司20g、白葡萄酒15mL、柠檬汁3mL、薯条30g、柠檬角(20g/个)1个、西蓝花3朵、去皮手指胡萝卜2根,色拉油、盐、白胡椒粉适量(图5-6-1)。

（2）鱼柳用盐、胡椒粉、柠檬汁、白葡萄酒调味后依次拍上面粉、蛋液、面包糠,放入油锅中炸熟并呈金黄色(图5-6-2)。

（3）切块土豆、西蓝花和去皮手指胡萝卜分别煮熟后在黄油中炒香并调味;薯条炸熟并呈金黄色。将上述配菜与鱼排一同装盘,配上太太沙司(图5-6-3)。

（4）制作美式炸鸡腿的原料包括：鸡腿300g、土豆1个、西蓝花30g、手指胡萝卜30g、面粉50g、鸡蛋50g、面包糠50g、白葡萄酒5mL、番茄沙司50g,色拉油、盐、白胡椒粉适量(图5-6-4)。

（5）蔬菜原料去皮、改刀;鸡腿用干白、盐、胡椒腌渍后,依次裹上面粉、蛋液、面包糠"过三关"。

（6）将包裹好的鸡腿放入油锅中炸至全熟(图5-6-5)。

（7）土豆去皮切条后炸至金黄,蔬菜焯水后炒熟,按图摆盘(图5-6-6)。

图5-6-1 英式炸鱼排的原料

图5-6-2 鱼排的炸制

图5-6-3　英式炸鱼排的摆盘

图5-6-4　美式炸鸡腿的原料

图5-6-5　鸡腿的炸制

图5-6-6　美式炸鸡腿的摆盘

🍒 操作要点 ●

鱼排不宜长时间加热,断生即可,以保持较充分的汁水。

7. 蒸类菜肴制作

（1）以清蒸海鲈鱼配小青豆黑松露丁为例,制作原料包括:鲈鱼180g、小青豆40g、布朗沙司100mL、橄榄油15mL、柠檬汁3mL、柠檬草1g,盐、白胡椒粉适量(图5-7-1)。

（2）鲈鱼用橄榄油、柠檬汁、柠檬草、盐和胡椒调味后放入蒸箱蒸熟。

（3）小青豆煮熟去皮,配黑松露丁与布朗沙司拌和。

（4）按图摆盘,放上炸过的鲈鱼皮作为装饰(图5-7-2)。

图5-7-1　清蒸海鲈鱼配小青豆黑松露丁的原料

图5-7-2　清蒸海鲈鱼配小青豆黑松露丁的摆盘

操作要点 • • • • • • • • • • • • • • • • •

　　蒸箱应提前打开,并调节好蒸汽强度和热度;鱼柳以蒸至刚断生为佳。

理 论 编

- 认识西餐
- 西餐常用调味品
- 西餐制作的专用设备
- 典型的西式菜肴
- 西式菜肴原料预处理
- 西式菜肴制作准备
- 西式厨房的卫生与安全

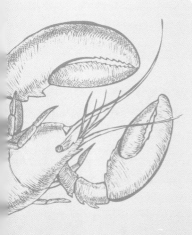

第一章 认识西餐

1. 西餐定义

西餐这个词是由我国人民根据西餐菜肴所处的地理位置给予的名称。"西"是西方的意思,通常是指欧美各国,"餐"是指饮食菜肴。所以我们常说的西餐就是对欧美各国菜肴的总称。

2. 西餐分类

西餐可以按不同的方法进行分类。

(1) 按宴席菜肴类别分类

西餐在发展过程中逐步形成了自身的菜肴类别,一般按上菜顺序依次为冷菜、汤、主菜、甜食、水果(表1-1)。

表1-1 西餐上菜顺序表

名称	特点	举例
冷菜	又称前菜,以酸、咸、辛辣为主,能开胃,增加食欲。	芦笋鸡蛋色拉 西芹苹果色拉
汤	也称为第一道菜,大都含有丰富的鲜味食物和有机酸等成分,味道鲜醇,能刺激胃液分泌,增加食欲。	罗宋汤 意大利杂菜汤
主菜	通常以动物性原料为主、植物性原料为辅,搭配别具一格的沙司。	煎鱼柳配香草番茄汁 炸火腿芝士猪排
甜食	也可称为甜品、甜点等,是由糖、鸡蛋、牛奶、黄油、面粉、淀粉及水果等为主要原料制成的,是西餐正餐中的最后一道菜,也是西餐不可或缺的组成部分。	芝士奶油焗红薯 南瓜酸奶慕斯蛋糕

(2) 按供应方式分类

随着餐饮业的发展,西餐按供应方式分为零点西餐、套式西餐、自助式西餐、西式快餐、宴席西餐(表1-2)。

表1-2　西餐供应方式表

名称	特点
零点西餐	具有一定的灵活性,客人可根据需要自由选择菜肴。
套式西餐	由餐厅将菜肴进行固定的搭配,自由度稍差,但具有价格优势。
自助式西餐	把事先准备好的菜肴摆在餐台上,客人进入餐厅后先支付一餐的费用,便可自己动手选择符合自己口味的菜点,然后拿到餐桌上用餐。
西式快餐	属现代西餐餐饮的新模式。餐厅能在短时间内提供给客人各种方便菜点,一般都在咖啡厅内供应。
宴席西餐	是较为正式的用餐方式,有较为严格的服务礼仪、用餐礼仪。

(3) 按供应时段分类

一般分为西式早餐、西式午餐、西式晚餐。

3.西餐用餐礼仪

(1) 就座时,身体端正,手肘不要放在桌面上,不可跷足,与餐桌的距离以便于使用餐具为佳(图1-1)。餐台上已摆好的餐具不要随意摆弄。将餐巾对折轻轻放在膝上。

图1-1

(2)使用刀叉进餐时,从外侧往内侧取用刀叉,要左手持叉,右手持刀(图1-2);切东西时左手拿叉按住食物,右手执刀将其切成小块,用叉子送入口中。使用刀时,刀刃不可向外(图1-3)。进餐中放下刀叉时应摆成"八"字形,分别放在餐盘边上。刀刃朝向自身,表示还要继续吃。每吃完一道菜,将刀叉并拢放在盘中(图1-4)。如果是谈话,可以拿着刀叉,无需放下。不用刀时,可用右手持叉,但若需

图1-2

图1-3

图1-4

要做手势,就应放下刀叉。千万不可手执刀叉在空中挥舞摇晃;也不要一手拿刀或叉,而另一手拿餐巾擦嘴;也不可一手拿酒杯,另一手拿叉取菜。要记住,任何时候,都不可将刀叉的一端放在盘上,另一端放在桌上。

(3)喝汤时不要啜,吃东西时要闭嘴咀嚼。不要舔嘴唇或咂嘴发出声音。如汤菜过热,可待稍凉后再吃,不要用嘴吹。喝汤时,用汤勺从里向外舀,汤盘中的汤快喝完时,用左手将汤盘的外侧稍稍翘起,用汤勺舀净即可。吃完汤菜时,将汤匙留在汤盘(碗)中,匙把指向自己。

(4)吃鱼、肉等带刺或骨的菜肴时,不要直接外吐,可用餐巾捂嘴轻轻吐在叉上放入盘内。如盘内剩余少量菜肴时,不要用叉子刮盘底,更不要用手指相助食用,应以小块面包或叉子相助食用。吃面条时要用叉子先将面条卷起,然后送入口中。

(5)面包一般掰成小块送入口中,不要拿着整块面包去咬。抹黄油和果酱时也要先将面包掰成小块再抹(图1-5)。

(6)吃鸡时,欧美人多以鸡胸脯肉为贵。吃鸡腿时应先用力将骨去掉,不要用手拿着吃。吃鱼时不要将鱼翻身,要吃完上层后用刀叉将鱼骨剔掉后再吃下层。吃肉时,要切一块吃一块,块不能切得过大,也不能一次将肉都切成块。

(7)喝咖啡时如添加了牛奶或糖,要用小勺搅拌均匀,然后将小勺放在咖啡的垫碟上。喝时应右手拿杯把,左手端垫碟,直接用嘴喝,不要用小勺一勺一勺地舀着喝。吃水果时,不要拿着水果整个去咬,应先用水果刀将水果切成小瓣,再用刀去掉皮、核,用叉子叉着吃。

(8)用刀叉吃有骨头的肉时,可以放下刀叉用手拿着吃。当然,

图1-5

若想吃得更优雅,还是用刀叉比较好。方法是:用叉将整片肉固定(可用叉的背部压住肉),再用刀沿骨头插入,把肉切开。最好是边切边吃。必须用手吃时,侍者会附上洗手水。当洗手水和带骨头的肉一起端上来时,意味着"请用手吃"。用手指拿东西吃后,将手指放在装洗手水的碗里洗净。吃一般的菜时,如果把手指弄脏,也可请侍者端洗手水来,注意洗手时要轻轻地洗。

(9) 吃面包可蘸调味汁,吃到连调味汁都不剩,是对厨师的礼貌。注意不要用舌头把面包盘子"舔"干净,而要用叉子叉住已撕成小片的面包,蘸盘上的调味汁来吃,这才是雅观的就餐方式。

第二章　西餐常用调味品

调味品是决定菜肴风味的关键原料。西餐调味品与中餐调味品迥然不同，而且有部分调味品是一些国家的土特产，市场上不易见到。西餐常用的调味品有盐、糖、味精、辣酱油、醋精、番茄酱、香叶、黑胡椒、白胡椒、咖喱粉、辣椒粉、丁香、肉豆蔻、酒类等。下面介绍几种中餐不常用而西餐却使用较频繁的调味品。

1. 番茄酱

番茄酱是用新鲜番茄加工制成的罐头制品，颜色赤红，较酸，保留鲜番茄的香气，一般是用来调味和增加菜肴艳丽色彩的。番茄酱含有大量有机酸，可刺激食欲，帮助消化，尤其在蔬菜淡季，更是调剂饮食的佳品。罐头番茄酱开罐后就不宜在原罐中保存，以免氧化，可加同等体积的清水，并加适量的糖，用油在微火上煨至油色深红，然后存放起来，随时食用。

2. 番茄沙司

番茄沙司是番茄酱经进一步加工制成的调味汁，大都用瓶装，呈稀糊状，色深红，味道酸甜适口。可直接入口，也可用于调味，西方人都喜欢食用。

3. 辣酱油

辣酱油是用多种原料配制的调味品。深棕色，味道以辣、酸、咸为主，并有多种调味品的芳香味。辣酱油在西餐中的作用与中餐中的酱油相似，是用途很广的调味品之一。

4. 咖喱

咖喱是由多种香辛原料配制而成的调味品。咖喱粉色泽深黄，味香、辣,略苦,在西餐中广为使用。

5. 胡椒

胡椒按品质及加工方法通常可分为白胡椒和黑胡椒两种。胡椒在烹调中起提味、增鲜、合味、增香、除异味等作用。在西餐中海鲜和白肉的调味多用白胡椒,红肉的调味多用黑胡椒。

6. 香叶

香叶是月桂树的叶,有浓郁的香气,在西餐中广泛使用。

7. 丁香

丁香是原产于印度尼西亚的一种香料,不同于观赏的丁香花。丁香含有丁香酚等芳香物质,在西餐冷菜中使用较多。

8. 百里香

为欧洲烹饪常用香料,味道辛香。可与其他芳香料混合成填馅,塞于鸡、鸭、鸽腔内烘烤,产生醉人香味,也可在烹调鱼及肉类时放入少许以去腥、增鲜。烹调时应该尽早加入,使其充分释放香气。做饭时放少许百里香粉末,饮酒时在酒里加几滴百里香汁液,能使饭味、酒味清香馥郁。

9. 薄荷叶

薄荷叶既可作为调味剂,又可作为香料,还可配酒。常用于制作菜肴或甜点,以去除鱼及羊肉腥味,或搭配水果及甜点,用以提味。

10. 细香葱

细香葱常用作蛋、汤、色拉和蔬菜烹调的作料。

11. 罗勒

罗勒的茎、叶均可作调味品,适用于意大利风味菜肴的制作。可用来做凉拌菜,也可用来炒菜、做汤,或沾面糊后油炸至酥后食用,或作为调味料。

12. 龙蒿

龙蒿主要用于牛肉、家禽类菜肴的制作，也可泡在醋内制成他拉根醋。龙蒿碎叶可加入清汤、馅料或炒蛋中，也可直接抹在烤鸡上，或混入鸡的填塞料中。

13. 迷迭香

迷迭香是西餐中经常用到的香料，特别在羊排、土豆块等烤制品中使用频繁。有种特别清甜带松木香的气味和风味，香味浓郁，甜中带有苦味。迷迭香粉末通常是在羊肉、鸡鸭类菜肴烹调好以后添加少量提味的。如烤制肉禽类菜肴，那么可以在腌渍的时候放上一些，这样烤出来的肉就会特别香。干燥的迷迭香用葡萄醋浸泡后，还可作为长条面包或大蒜面包的蘸料。

14. 牛至

意大利比萨常用牛至调味，所以它又被称为比萨草。牛至用于增香及去肉类腥味。为意大利薄饼、墨西哥及希腊菜肴不可缺少的香料。其粉末亦可加入色拉中作为增香调料。

15. 莳萝

莳萝又名刁草、小茴香，叶和果实都可作为香料，主要用于海鲜、冷菜、色拉的制作。

16. 鼠尾草

鼠尾草又称艾草，可与味道强烈的食物融合。它的独特风味，不但能去除肉类的腥味，还能够分解脂肪，加在香肠、腊肠类食品中具有良好的杀菌和防腐效果。

17. 荷兰芹

荷兰芹别名法国香菜、洋芫荽、旱芹菜、番芫、欧芹，是一种香辛叶,多作冷盘或菜肴上的装饰,也可供生食。特别是吃葱蒜后嚼一点荷兰芹叶,可消除口齿中的异味。荷兰芹幼苗或嫩叶部分具有很浓的芝麻香味,口感滑嫩,可炒食或凉拌。

第三章 西餐制作的专用设备

1. 西式烹调设备

(1) 炉灶(Stove)

炉灶按其能源可分电灶(图3-1)和燃气灶(图3-2)两种,按其灶面则可分为明火灶和平顶灶两种(图3-3)。

图3-1 电灶   图3-2 燃气灶

平顶灶

明火灶

图3-3 兼具明火灶和平顶灶的灶面

① 明火灶

优点:加热速度快,用后容易关掉。

缺点:每个燃烧口一次只能使用一个锅,烹调量有限。

② 平顶灶

燃烧口处用钢板覆盖,烹调量大且可支撑重物。

(2) 烤箱(Oven)

烤箱,从其热能来源上可分为燃气烤箱(图3-4)和远红外电烤箱(图3-5);从其烘烤原理上可分为对流式烤箱、辐射式烤箱及多功能烤箱。

① 对流式烤箱

这种烤箱内装有风扇以利于烤箱内空气对流和热量传递,因此食物加热速度快,比较节省空间和能量。

② 辐射式烤箱

工作原理是通过电能的红外线辐射产生热能,同时还有烤箱内热空气的对流等供热。其结构主要由烤箱外壳、电热元件、控制开关、温度仪、定时器等构成。

③ 多功能式烤箱

这种烤箱比较新型,既可以当作对流式烤箱,也可以当作蒸柜。当其作为烤箱时可随时往烤箱内加入湿气,以减少食物的收缩和干化。

图3-4　燃气烤箱　　　　　　　图3-5　远红外电烤箱

(3) 微波炉(Microwave oven)

微波炉的工作原理是将电能转换成微波,通过高频电磁场对介质加热,使食物分子剧烈振动而产生高热。微波炉加热均匀,食物营养损失小,成品率高,但菜肴缺乏烘烤而产生的金黄色外壳,风味较差。

（4）铁扒炉（Griller）

铁扒炉分为煎灶（图3-6）和扒炉（图3-7）两种。

① 煎灶

表面是一块1~2cm厚的平整的铁扒，四周是滤油，热能来源主要有电和燃气两种。靠铁扒传导使原料受热，原料受热均匀，但使用前应提前预热。

② 扒炉

结构同煎灶相仿，只是表面不是铁板，而是铁铸造的铁条，热能来源主要有燃气、电和木炭等，通过下面的辐射热和铁条的热传导，使原料受热。使用前也应提前预热。

图3-6　煎灶　　　　　　　图3-7　扒炉

（5）明火焗炉（Salamander）

明火焗炉又称面火焗炉，是一种立式扒炉，中间为炉膛，有铁架，一般可升降。热源在顶端，一般适于原料的上色和表面加热。

（6）炸炉（Deep-fryer）

只有一种功能即在热油中炸食物。标准的炸炉（图3-8）以电、气为能源加热，内有类似于恒温器的设施，调节温度使其保持在所需的温度上。

（7）搅拌机（Mixer）

立式搅拌机（图3-9）是面包店和厨房中重要的工具，用途广泛，可做各种食品的搅拌和食品加工工作。

（8）切片机（Slicer）

切片机（图3-10）是一个非常有用的工具，因为用切片机切削的食物厚度比用手工切削的更均匀，厚薄一致。切片机对于控制用量、减少损失很有价值。

图3-8　炸炉

图3-9　立式搅拌机

图3-10　切片机

(9) 冰箱(Ice box)

冰箱按外观分有卧式和立式两种,按功能分有冷藏、冷冻和快速冷冻三种。可根据需要选择各种容积的冰箱,主要用于食物的保鲜与储藏。

2. 西式厨房锅具(表3-1)

表3-1　西式厨房锅具

图片	名称	特点	用途
	汤锅 Stock pot	体积大、两边垂直的深锅。	可用来做高汤。

(续表)

图片	名称	特点	用途
	沙司锅 Sauce pan	圆形中等深浅的锅,与汤锅相类似,略浅一些,更容易进行搅拌。	可用来做汤、沙司和其他液体食物。
	炖锅 Stew pan	圆形宽口两边垂直、重而浅的锅。	可用来给肉上色和炖煮。
	直边炒盘 Frying pan	两边垂直的炒盘,较重,因其上宽、面积大,水分蒸发快。	可用来炒、煎、给菜上色,还可用来制作沙司或其他液体食物。
	斜边炒盘 Frying pan	斜边使厨师不用铲即可抛、翻菜点,而且容易盛菜。	可用来炒或煎肉、鱼、蔬菜、蛋类食物。
	铸铁锅 Cast-iron pan	是底厚体重的煎盘。	用来煎制需要热量稳定均匀的食物。
	烤肉盘 Roast pan	较深、较大、较重的长方形盘。	可用来烤制肉、禽类。
	万用盘(蒸汽台盘、服务盘) Service tray	用不锈钢制的长方形盘。	既可用来盛装食物,也可用来烤、蒸食物。

3. 西式厨房刀具(表3-2)

表3-2 西式厨房刀具

图片	名称	特点	用途
	厨刀 (法刀) Chef's knife (French knife)	法刀是厨房中最常用的刀具,刀片长约26cm,靠近刀柄部位宽,渐渐变窄,前端是尖形的。	适宜日常使用,稍大的适宜于切片、块,小的适宜于做细加工。
	万用刀 (色拉刀) Salad knife	一种窄窄的尖刀,长16~20cm。	多用于做冷菜,切蔬菜、水果等。
	水果刀 Fruit knife	水果刀是短小的尖刀,长5~10cm。	可用来削切水果或蔬菜。
	剔骨刀 Boning knife	尖尖的薄片刀,长约16cm。	可用来剔骨。
	切片刀 Microtome knife	有细长的刀片。	可用来切煮熟的肉片。
	屠刀 Butcher knife	比较宽重,刀前端微翘。	可用来切、分和修整鲜肉。
	砍刀 Chopping knife	刀片宽重。	用来砍骨头。
	牡蛎刀 Oyster knife	又称开蚝刀,刀片坚硬短小,刀钝。	用来打开牡蛎壳。
	蛤刀 Clam knife	蛤刀刀片稍宽,坚硬、短小,稍微带点儿刃。	用来打开蛤的壳。
	磨刀棒 Sharpening steel	不是刀,却是刀具中不可缺少的。	用来磨刀,保持刀刃锋利。

4. 西式厨房其他用具(表3-3)

表3-3 西式厨房其他用具

图片	名称	用途
	砧板 Chopping board	砧板是刀具不可缺少的伙伴,有硬橡胶砧板、塑料砧板和木砧板三种。无论哪一种砧板,都会有细菌滋生,所以一定要保持砧板的清洁。
	汤勺 Ladle	汤勺一般用于液体的搅拌、测量和分份。
	撇渣勺 Scummer	撇渣勺为长柄小漏勺,主要用于撇取汤中的浮末和残渣。
	肉叉 Meat slicer	可用于叉取肉类食物。
	蛋抽 Whisk	由钢丝制成,在西餐中可用于搅打鸡蛋、奶油及制作沙司等。
	擦菜板 Grater	擦菜板利用食物与菜板互相摩擦,使食物成丝状、条状及末状。可用于切割蔬菜、芝士等。
	过滤器 Cap strainer	是一种碗状的容器。容量比较大,在四周和底部都有孔,用于色拉、意大利面条等食物的过滤。
	笊篱 Strainer	是用金属丝制成的密网,用于汤、调味汁的过滤。
	肉槌 Meat pounder	用木料制成,用于拍打肉类原料,可使其质地松软,便于烹调。

(续表)

图片	名称	用途
	量杯 Measuring glass	具有各种大小类型,并在杯壁上标明容量。
	量勺 Measuring spoon	属于量器,方便用于测量调味料,如盐、糖、酒等。
	土豆压泥器 Potato clamp	有旋转式和挤压式两种,由不锈钢制成,主要用于将煮熟的土豆制成茸状。

5. 西式厨房设备、工具的使用与保养

在西式厨房设备管理制度中,正确使用设备及保养设备是非常重要的内容,因为这涉及设备的使用寿命,进而影响厨房的运作成本。

(1) 设备的使用

西式厨房设备一般都比较昂贵,这就要求使用时倍加珍惜。在使用设备时应注意以下问题:

① 在使用任何一种设备前,都必须先详细阅读使用说明书。刚进入西式厨房的新厨师必须在有经验的厨师指导下正确使用设备,切忌盲目操作。

② 在使用时应注意用电安全。西餐设备使用电源较多,这些设备外壳大多使用不锈钢材质,在使用时必须注意电源的安全,插头及插座的完好无损。电线及电缆等也需经常检查。

(2) 设备的保养

① 炉灶的保养

在烹调过程中应避免将锅具中原料装得过满,以防止汁液溢出,翻洒到炉灶表面,甚至浇灭火焰,堵塞燃烧器喷嘴。燃烧器的喷嘴要定期检查,保持燃烧时的畅通。电器元件应保持干燥、清洁,一旦发现问题必须及时报修。

② 机械设备的保养

机械设备大都由电动机装置及传动控制装置两部分组成。在使用过程中应严格遵守其说明书中的操作要求,勿使设备长时间超负荷工作,以保证设备的使用寿命。机械设备至少一年保养一次,主要是对各部件、传动装置等进行定期拆卸检查,消除隐患,确保正常使用。

③ 冷藏设备的保养

- 冰箱内外必须经常擦拭,在必要时应使用清洁剂去除异味。
- 除霜时不能使用利器铲刮,以免破坏制冷元件。
- 不要频繁开启冷藏设备的门,以免影响冷藏效果。
- 不要把高于室温的菜点放入冷藏设备中。
- 不要频繁拨动温度控制器,以免损坏制冷系统。
- 要随时保持电器元件的干燥及清洁。
- 摆放原料时要与蒸发器保持适当距离,避免冻住后不易取下。如果遇到原料与蒸发器冻在一起也不能硬撬,必要时可停止制冷,使其融化再取出。
- 码放原料时要有适当空隙,以使冷空气流动,提高冷藏效果。

(3) 加工工具的使用与保养(表3-4)

表3-4　加工工具的使用与保养

名称	使用与保养
刀具的保养	1)刀具用过后应用清水洗净,再用清洁干布擦干水分,以防氧化,出现锈斑。 2)将刀具固定放在刀架上或刀箱内,以防止刀具碰损。 3)刀不快时,可用磨刀棒轻轻磨,如较钝时,就应用磨石磨,磨刀时要注意把刀刃的两面及前后部位都均匀磨到,以防刀刃出现凹凸不平现象。

（续表）

名称	使用与保养
刀刃的鉴别	将刀口朝上,如不能反射出光线,则表明刀刃锋利,或用手指在刀刃上横向轻拉,如有涩感,也表明刀刃很锋利。
菜板的保养与使用	菜板有树脂和木质两种。树脂菜板干净、耐用,但韧性差。木质菜板以榆木、银杏木、皂荚木等硬质的木材制成,其优点是木质紧密、不夹刀、不易沾带污物,易于冲洗,较卫生,缺点是易损刀刃,板面易损坏。树脂菜板适宜切配冷菜、蔬菜等脆嫩性原料。菜板在使用后应刷洗干净,然后擦干。
菜墩的使用与保养	菜墩有树脂和木质两种。树脂菜墩耐用,也较卫生,易清洗,但韧性差,易损刀刃。木质菜墩以银杏木、皂荚木、榆木、柳木等为佳。优质的木质菜墩不空心、不结疤、树皮完整、墩面微青、木质紧实、纤维垂直、有韧性、不损刀刃。菜墩适宜加工动物性原料,尤其适宜剁、砍、拍等加工方法。 新的菜墩要放在盐水中浸泡后再使用,并经常用盐和水涂在墩面上保养,以使纤维收缩,结实耐用。菜墩使用后要刮洗净,但不要在太阳下暴晒,以防干裂。

第四章　典型的西式菜肴

西餐可归纳为沙司、汤菜、热菜(主菜)、冷菜、快餐等系列菜肴。

1. 沙司

西餐菜式相对中餐较少,很多菜肴的不同是因为使用了不同的沙司(sauce)。"沙司"是指西餐中流质或半流质调味汁。由于西餐采用刀叉进食,也由于西餐烹调所选原辅料或加工后的原辅料大多呈块形、厚片形,经煎、烩、炸、烤、焗之后,菜肴不容易入味,所以往往需要采用沙司来赋味。西餐基础沙司主要分为冷沙司、热沙司和素沙司三类。

(1) 冷沙司

冷沙司是西餐中用于冷菜或点心的呈流质或半流质的调味汁,冷沙司有马乃司沙司(主要用于鸡蛋、土豆、鸡肉色拉的调味)、千岛汁(主要用于各式海鲜冷菜菜肴的调味)、油醋汁(主要用于各式蔬菜色拉的调味)、芥末沙司(主要用于热制冷吃的冷菜,如焖、烤肉类的调味)。

(2) 热沙司

热沙司是西餐中用于热菜或点心的呈流质或半流质的调味汁,热沙司有布朗沙司(主要用于各种牛扒、牛里脊的调味)、苹果沙司(主要用于烤猪排、烤鸭的调味)、咖喱沙司(主要用于鱼虾、牛肉、鸡鸭的调味),另外还有奶油沙司、番茄沙司、黄油沙司等。

(3) 素沙司

素沙司指脂肪和蛋白质含量较少的沙司。素沙司使用了可溶性膳食纤维素肉粉,经吸水 30 ~ 50 倍,与橄榄油、黄油、原汁、奶、蛋、醋、蔬菜汤或其他原料乳化后制成。依吸水倍数的不同,可分别制成浓素沙司、薄素沙司及稀清素沙司。

各种沙司都由不同的基础汤汁制作。这些汤汁含有丰富的鲜味物质,同时还有各种调味品溶于其中,使菜肴富有咸、甜、酸、辣等口味。因为大部分沙司都有一定稠度,能均匀地裹在菜肴的表层,使得一些加热时间短、未能充分入味的原料同样富有滋味。

2. 汤菜

汤在西餐中占有重要的地位。西方人的饮食习惯是在上热菜(主菜)之前先喝汤,所以汤很受重视,称为第一道菜;在西式料理中,一般每餐都配有两道汤,一清一浓,由客人自己挑选。

西餐汤菜类品种多、口味丰富,能适合不同季节、不同地区及不同习惯的个性要求。如炎热夏季,人们普遍消费冷汤菜(各式水果冷汤)。冬季天气寒冷,人们就多吃发热量大的汤菜,如肉杂拌汤、菜蓉汤等。如果是儿童,因生长期需要大量营养物质则应该多食含有牛奶的汤菜。

西餐汤菜类品种繁多,做法讲究,按使用原料和制作方法的不同,可分为清汤、奶油汤、蔬菜汤、蓉汤和冷汤等5个种类。

(1) **奶油汤**

奶油汤是用油面浆加牛奶、清汤、奶油及一些调味品调制而成的汤菜。奶油汤是基础汤,在此基础上加各种不同的汤料,就可制成各种不同风格的奶油汤。

(2) **蓉汤**

蓉汤大都是用各种蔬菜制成的菜蓉,加上清汤或浓汤调制成的汤,也称为泥子汤或浆汤。菜蓉汤类是传统的汤菜,因具有丰富的营养和良好的风味,在西方各国广为流行。

(3) **冷汤**

冷汤大都是用清水或果汁加上各种蔬菜或少量肉类调制而成的汤菜。冷汤的食用温度以1~10℃之间为宜,也可加冰块食用。各种冷汤大都具有爽口、开胃、刺激食欲的特点,适宜夏季饮用。

(4) **清汤**

西餐清汤根据所使用原料可分为鸡清汤、牛清汤、鱼清汤三类,它们都是西餐制作中基本的汤。牛清汤是以牛肉、牛骨为汤料煮制而成的基础汤类;鸡清汤是以整鸡或鸡骨为原料煮制的基础汤类;鱼清汤是用鱼或鱼骨煮制的基础汤类。在此基础上,加上不同的汤料就可以制成许多清汤品种。

3. 热菜

西餐热菜是正餐或正式宴会的主要菜肴,是一餐的主食,所谓"西式大菜"就是指热菜。西餐热菜选料广泛,烹调技法多样,可归纳为13种,简述如下:

(1) 煎(Fried)

煎是先把锅烧热,再以凉油涮锅,留少量底油,油量以不漫过原料为宜,油温七八成热时下料,先煎一面,再煎另一面。煎法多用中火,有时用旺火、小火;煎时要不停地晃动锅,以使原料受热均匀,色泽一致。

煎还可分出很多种类,如干煎、煎烹、煎蒸、煎焖、煎烩、煎烧、汤煎等。

(2) 炸(Deep Fried)

炸是用大油量,用旺火,有时也用中、小火,使原料成熟且无汁的热菜烹调技法。炸可分为清炸、干炸、软炸、酥炸、面包渣炸、纸包炸、脆炸、油淋炸等。

清炸:先用调料腌渍一下,再用旺火以热油炸制。

干炸:将原料放入油锅炸干水分(或部分水分),使原料干香酥脆。

酥炸:酥炸的做法一种是主料挂专用的酥炸糊,炸后糊酥松,主料细嫩;另一种是主料先经蒸、卤至熟烂,再挂少量酥炸糊,用热油炸至糊酥、主料烂。

面包渣炸:面包渣炸的主料一般是加工得较厚的片状。先用调料拌腌,再粘匀面粉及鸡蛋液,最后再滚粘一层面包渣炸制。

(3) 炒(Saute)

炒为嫩煎之意,是最基本的应用范围最广的用小油量、旺火急速翻拌的热菜烹调技法。炒分为熟炒、生炒、滑炒、清炒、干炒、抓炒、软炒等。

生炒:生炒的基本特点是,主料不论植物性还是动物性都必须是生的。

熟炒:熟炒原料必须先经过水煮等方法制熟,再改刀成片、丝、丁、条等形状,而后进行炒制。

干炒:干炒又称干煸。就是炒干主料的水分,使主料干香酥脆。干炒和生炒的相似点是原料都是生的,但干炒的时间要长些。

软炒:软炒是将生的主料加工成泥蓉,用汤或水使其成液状,再用适量的热油拌炒至其松软,色白似雪。

(4) 烩(Stew)

烩是汤和菜混合的一种西餐热菜烹调技法。主料一般先加工成丝、片、条、丁、块、球状,经过油着色或余水预制成半成品,再用旺火、小火,最后加入沙司。烩可分为红烩、白烩、黄烩、清烩等。烩制菜汤汁较多,即可做汤又可当菜,清淡爽口。

(5) 焖(Braise)

焖是从烧演变而来的,是主料经油炸(或油滑、焯水)后,置于焖锅,加入沸水或沸汤及香料、调味品等,先用旺火,后用小火,长时间加热将主料焖烂的一种热菜烹调技法。焖可分为黄油焖、烤焖、浓汁焖、罐焖等,烤焖又可分为单一烤焖和混合烤焖。

(6) 烤(Roast)

烤是直接利用火的辐射热使原料成熟的一种热菜烹调技法。按烤制方法分为暗炉烤、烤箱烤、明炉烤等;按原料可分为生烤和熟烤。

(7) 铁扒(Grill)

铁扒是以金属等不同介质直接导热而使原料成熟的一种热菜烹调技法。铁扒有专用的工具。扒菜注重外形的整齐美观。

(8) 炭烧(Broil)

炭烧,炙烤之意,是将原料加工并腌渍成形后,放入以木炭为能源的敞开式炭火炉中,利用明火辐射热能直接把原料烤炙成熟的一种热菜烹调技法。若原料拌匀腌渍入味后,穿在专用的金属钎子上,成串、成段,则称为串烧。

(9) 煮(Boil)

煮是将原料放于多量汤汁或清水中(浸过原料),用旺火烧沸,再用小火慢烹至熟的一种西餐热菜烹调技法。煮和氽相似,但煮比氽的时间长。煮可分为沸水投料和冷水投料。

（10）氽（Pouch）

氽是一种沸水下料、使主料快速成熟的热菜烹调技法。氽的原料多加工成片、丝、花刀形或丸子形,氽既是西餐烹饪原料初步热处理的方法,也是西餐汤类菜肴的烹调方法之一。氽与煮法十分近似,但比煮的时间短。氽可分为清氽和混氽。

（11）煨（Simmer）

煨是用微火慢慢地将原料煮熟的一种热菜烹调技法。煨制的主料要先经焯水处理,再加入汤和调料,盖上锅盖,用微火烧煮。煨菜原料多半是质地老、纤维质粗的畜禽类食材。煨制的菜品熟烂,味醇厚,汤汁甚美。

（12）熏（Smoke）

熏是将卤熟(或烧、或炸)的原料用烟熏制的一种热菜烹调技法。熏所用的香料有花茶、大米、松柏枝、黄豆、红糖、锯末、花生壳等。熏制菜肴味浓郁,后味甚醇,冷热食均可。

（13）蒸（Steam）

蒸是把原料放入容器内,装入蒸屉里(或放在水锅里,盖好盖)通过加热产生高温蒸汽而使原料成熟的一种热菜烹调技法。采用蒸片所制的菜肴具有保持原汁原味、减少菜肴养分散失、保持原料原有形态的特点。因此,用蒸的方法制作的菜肴很多。

西餐的热菜一般都有配菜,即在盘边或另一只盘内配上少量加工成熟的蔬菜或米饭、面食等。通过适当的配菜,既可以做出丰富多彩的热菜,也可以增加热菜的色、香、味、形及营养成分,使菜肴色香味形俱佳。

4. 冷菜

冷菜菜肴是西餐的重要组成部分,在一餐中,冷菜是第一道菜,有先入为主的作用。在西方国家,冷菜还可以作为开胃菜。另外西方人还经常举办以冷菜为主的冷餐会、鸡尾酒会,所以冷菜在西餐中有着举足轻重的地位。

制作西餐冷菜一般采用的原料有各种蔬菜,包括生菜、芹菜、番茄、黄瓜、胡萝卜、土豆、葱头、莴苣、辣根、柿子椒、心里美萝卜、青豆等。各种肉类、禽类、蛋品等也可用来制作冷菜。明胶(俗称啫喱片)、鸡蛋、番茄酱、各种水果等更是冷菜制作的必备品。

西餐冷菜的品种很多,大体上可以分为冷沙司与冷调味汁类、色拉类、胶冻类、批类、冷肉类及其他类六类。限于篇幅,以下介绍其中的三类。冷菜中还有腌制菜肴(In Salt),如泡菜(Pickle)中的酸菜(Saurkraut);另外开胃食品处理得当也可成为冷菜的一种。

(1)冷沙司与冷调味汁类

各种冷沙司及冷调味汁是调制冷菜的主要原料,有些品种还可配合热菜。如马乃司沙司是冷菜沙司中的一种,又称为冷菜基础沙司,可用于冷菜色拉、沙司配料、虾类菜肴、鱼类菜肴、肉类菜肴等。

(2)色拉类

色拉是英语Salad的译音,泛指一切凉拌菜。色拉是用各种凉透了的熟料,或是可以直接入口的生料,加工成较小的形状,再加调味品,或浇上各种冷沙司、冷调味汁,拌制而成的。

色拉的适用范围很广,各种蔬菜、水果、海鲜、禽蛋、肉类均可制作,但要求原料新鲜,符合卫生指标。色拉大都具有色泽鲜艳、外形美观、鲜嫩爽口、解腻开胃的特点。

(3)胶冻类

胶冻类(Aspic)菜肴是把加工成熟的动植物原料制成透明的冻状类冷菜。也有人将Aspic称为Jelly(啫喱),不过Jelly多数指果冻。

冷菜的食用温度一般在10~14℃为好,因为在此温度下最能体现它的干香、脆嫩、多味、无汤、不腻等风味特点。冷菜制作工艺是将食物原料经过拌、腌制、慢煮等烹调方法加工制成冷菜后,再切配整齐美观地装盘的一门技术。从工艺上看,包括制作和拼摆两个方面。拼摆过程需要人为地美化,达到所需的形状。

5.快餐

(1)快餐的概念

快餐是指能在短时间内提供给食客的各种方便菜点。饭店中一般很少有快餐厅。各种快餐食品大都在咖啡厅内供应。

（2）**快餐的特点**

快餐首要的特点是制作快捷，出菜快。美国麦当劳公司在公司制度中就有一条规定，即60秒钟上菜。这充分体现了快餐制作快捷的特点。其次，快餐食用方便。快餐既可以在餐厅内食用，也可以携带出店外用手拿着食用，为现代人的快节奏生活提供了方便。

（3）**常见的快餐品种**

适宜作为快餐食品的菜点品种很多，只要制作简便或可以提前预制好的菜点都可以作为快餐食品。常见的快餐品种主要有三明治、汉堡、热狗、意大利面条、比萨饼等。

（4）**三明治和汉堡**

三明治（Sandwich）是在两片面包（Bread）中间夹一些与这两片面包不同材料的食品而制成的食品。按照这个定义，中国的大饼夹油条就不是三明治，因为大饼夹油条，是在面粉做的大饼里面夹用面粉做的油条。

三明治里夹的东西很广，可以是肉，也可以是鱼，也可以是蔬菜，也可以是蛋，也可以是色拉，也可以是综合的。三明治对面包没有什么特殊的要求，不论面包的形状是长的或者是方的或者是圆的，只要是面包就可以了。

常规的汉堡（Hamburger 或者 Burger）是用一种特制的面包，英文名字是 Bun，中间夹碎牛肉饼（一般这个碎牛肉饼是烤熟的）而制成的。当然，除了碎牛肉饼以外还可以再加别的食品，比如番茄片、生菜、生洋葱等，但是碎牛肉饼是必不可少的。Bun 是一种用面粉制成的圆形面包，上面可以撒上芝麻，不撒也无妨。如果汉堡里面不是夹碎牛肉饼，那一定会在"汉堡"前加字说明。比如"Veg Burger"（Vege-burger）就是蔬汉堡。

所以汉堡是某一种类型的三明治，按定义三明治包括汉堡，汉堡是三明治的一个特例。

1.原料准备

(1)原料加工的意义

原料加工是菜肴制作中最基本的一道工序。原料加工有很强的技术性,它直接影响着成品的营养卫生、质量标准及成本核算。因此,这道工序的重要意义不容忽视。作为一名厨师就必须掌握原料加工的全部知识与技能。

(2)原料加工的要求

原料加工质量的高低直接关系到成品菜肴的质量,因此,原料加工有其必需的技术要求,具体实施方法如表5-1所示。

表5-1　原料加工的要求

要求	具体实施
保持原料的营养成分	各种原料都可能因加工不当使营养成分受到损失。因此,加工时要注意方法,尽可能使原料的营养成分不受损失或少受损失。
保证原料的清洁卫生	原料加工是保证原料清洁卫生的重要工序,要求在加工中仔细认真,对可食用部位要尽量保留,对不可食用部分要去除干净,以保证菜肴的质量。
密切配合不同的烹调方法	加工处理原料,一定要符合烹调方法的要求,如对短时间旺火加热的菜肴,应将原料加工成小块或薄片的形状;而对需长时间慢火加热的菜肴,就应将原料加工成较大块的形状。
掌握菜肴定量	西餐的习惯吃法是每人一份,很多菜肴都是一块整料,如各种牛扒、鱼扒等。这就要求厨师熟练掌握菜肴的定量,操作时下刀准确,使每份菜肴都符合定量的标准。
合理使用原材料	合理使用是原材料加工的重要原则之一。在选择及剔除的分档取料中要做到心中有数,凡能使用的原料都应充分利用,做到物尽其用。

2. 刀工操作

（1）刀工操作姿势与要求

对于厨师来讲,掌握正确的操作姿势,不仅从外观上使人感到轻松优美,而且有利于提高工作效率,减少疲劳,保障身体健康。刀工操作时,一般有两种站立姿势。

① 八字步站法

双脚自然分立与肩同齐,呈八字形站稳,上身略前倾,但不要弯腰屈背,目光注视两手操作部位,身体与菜板保持一定距离。这种站法双脚承重均等,不易疲劳,宜长时间操作。

② 丁字步站法

双脚自然分立,左脚竖直向前,右脚横立于后,呈丁字形,重心落在右脚上,上身挺直,略向右侧,头微低,目光注视双手操作部位,身体与菜板保持一定距离。这种站法姿势优美,但易于疲劳,操作时可根据需要将身体重心交替放在左、右脚上。

握刀方法是用右手拇指、食指握住刀的后根部,其余三指自然合拢,握住刀柄,掌心稍空不要将刀柄握死,但要握稳,左手按住原料,不使之移动。操作时用小臂和手腕的力量运力,均匀后移,同时注意两手的相互配合。

刀工操作是比较细致且劳动强度较大的工作,故在操作中要注意以下几点:

（a）操作时思想集中,认真操作,不说笑打闹。

（b）操作姿势正确,熟练掌握各种刀法要领,以提高工作效率。

（c）操作时,各种原料、容器要摆放整齐,有条不紊。

（d）操作完毕,要打扫卫生,并将工具等摆放回原位。

（2）常用刀法

西餐中常用刀法主要有:切、片、剁、劈、砍、拍、削、包卷等。

① 切

切是使用非常广泛的原料加工方法,主要适用于加工无骨而鲜嫩的原料。操作要领为:右手握刀,左手按住原料,刀与原料垂直,左手指的第一关节部凸出,顶住刀身左侧,并与刀身呈直角,然后均匀运刀后移,从上向下操作。

　　根据运刀方法的不同,切又分为直切、推切、拉切、推拉切、锯切、滚切、铡切、转切等,如表5-2所示。

表5-2　切的运刀方法

名称	方法
直切法	将刀笔直地切下去,一刀切断,运刀时既不前推也不后拉,不移动切料位置,着力点为刀的中部。这种刀法适用于一些脆、硬性原料的加工,如各种新鲜蔬菜。
推切法	用刀刃垂直由上往下切压的同时把刀前推,向前运行由刀的中前部入刀,最后着力点为刀的中前部。这种刀法适宜加工较厚的脆、硬性原料,如土豆片、胡萝卜片等。也适宜略有韧性的原料,如较嫩的肉类。
拉切法	用刀刃垂直由上往下切压的同时运刀后拉,向后运行由刀的中后部入刀,最后着力点在刀的前部。这种刀法适宜加工一些较细小成松脆性的原料,如黄瓜、芹菜、番茄等。
推拉切法	用刀刃垂直由上往下切的同时,先运刀前推,再后拉。前推便于入刀,后拉将其切断。由刀的前部入刀,最后着力点在刀的中部。这样一推一拉,不反复。这种刀法适宜加工韧性较大原料,如各种生的肉类原料。
锯切法	锯切是推拉切的结合,用刀由上往下压切的同时,先前推,再后拉,反复数次,将原料切断,由刀的中部入刀,最后着力点仍在中部。这种刀法适宜加工较厚的并带有一定韧性的原料,如各种熟肉等。
滚切法	用刀由上往下压切,切一刀将原料相应滚动一定角度的方法,着力点一般在刀的中部。这种刀法适宜加工圆或长圆形脆、硬性原料,如胡萝卜块、土豆块等。
铡切法	右手推刀柄,左手按住刀背前端,双手平衡用力,刀刃垂直由上往下压切。这种刀法适宜加工易滑的原料,如芝士、大块黄油;也适宜原料的切碎,如葱末、蒜末等。
转切法	用刀由上往下直切,切一刀将刀或原料转动一定角度,着力点在刀的中部。这种刀法适宜加工圆形的脆硬性原料,如将胡萝卜、葱头、橙子等切成月牙状。

② 片

片也是使用广泛的刀法之一。操作要领是左手按稳原料,手指略上翘,刀与原料平行或成锐角或钝角。这种方法适宜加工无骨的原料或大型带骨的熟料。根据运刀方法的不同,片分为平刀片、反刀片、斜刀片三种。

刀与原料成平行状态的片法叫平刀片。按原料性质不同,平刀片在操作中又可以分为直刀片、拉刀片、推拉刀片三种刀法(表5–3)。

表5–3　平刀片的三种刀法

名称	方法
直刀片	从原料的右端入刀,平行前推,不向左右移动,一刀片到底,着力点在刀的中部。这种刀法适宜片形状简单、质地较嫩的原料,如肉冻。
拉刀片	从原料右前方入刀后由前往后平拉,从刀腰进刃向刀尖部移动将原料片开。这种刀法适宜片形状较小、质地较嫩的原料,如鸡片、鱼片、虾片等。
推拉刀片	右手握刀从原料中部入刀,向前平推,再后拉,反复数次,将原料片断。此种方法一般由原料下方开始片,这种刀法适宜韧性较大的原料,主要是各种生肉类。

反刀片的刀法是左手按稳原料,右手推刀,刀口向外,与原料成锐角,用直刀片或推拉刀片的方法将原料自上而下斜着切下,这种刀法适宜片大型、带骨且有一定韧性的熟料,如烤牛排等。

斜刀片又称抹刀片,刀法是左手按稳原料,右手持刀,刀口向里,与原料成钝角,用拉刀片的方法将原料自上向下斜着切下。这种刀法适宜片形状较小、质地较嫩的原料,如鱼、虾等。

③ 拍

拍是西餐中传统的原料加工方法。这种加工方法对原料的组织结构有一定的破坏性。目前,西方国家已不再提倡。这种加工方法在我国的传统西餐馆中仍普遍存在。

拍的方法主要用来加工肉类原料。它的作用:一是破坏原料的纤维,使原料的质地由硬韧变软;二是使原料的形状变薄,平面面积变大;三是使原料的表面平滑均匀。

拍的方法是:将切成块的肉类原料横断面朝上放于菜墩上按平,右手握住刀把用力下拍,左手按住骨把,如无骨把,就每拍一下左手随之按住原料,以防拍刀把原料带起。为避免拍刀刀面发黏,可在刀面上抹一点清水,操作时用力的大小根据原料的韧度而定。拍的方法又可分为直拍与拉拍两种,如表5-4所示。

具体操作时常常是两种刀法交替使用,先用直拍法把原料纤维拍平,再用拉拍法把原料拍薄。

表5-4 拍的运刀方法

名称	方法
直拍	右手握拍刀,朝下直拍下去,将原料纤维拍松散。这种刀法适宜加工娇嫩的原料,或是作为原料拍制的开始阶段。
拉拍	右手握拍刀,从上往下用刀拍的同时,把刀向后或左、右拉出来,这种刀法适宜加工韧度较大的原料,或是需要拍制较薄的原料。

④ 剁

剁也是西餐中常使用的原料加工方法。右手握刀,垂直向下用力,没有前推后拉的动作。剁与切不同的是抬刀高,运刀快,用力大。根据加工要求的不同,又可分剁断、剁烂、剁形三种方法,如表5-5所示。

表5-5 剁的运刀方法

名称	方法
剁断	左手按住原料,右手握刀,借用大臂力量,用小臂和腕部的力量直剁下去,要求运刀准确、有力,一刀剁断,不要反复。这种刀法适宜加工带有细小骨头的原料,如鸡、鸭、猪排等。
剁烂	将原料先加工成小块、小片状,然后有规则、有节律地连续用刀直剁,将原料剁烂。要求边剁边翻动原料,使其均匀一致。这种刀法适宜加工肉泥、鱼泥、虾泥等无骨的肉类原料。
剁形	将经"拍"加工过的原料放在菜墩上,右手握刀,用刀尖将原料的粗纤维剁断,同时左手配合收边,逐步剁成所需形状,如树叶形、圆形、椭圆形等。要求剁得"碎而不烂"。既要将粗纤维剁断,使致密结构疏松柔软,又不要剁得过烂。这种刀法适宜加工各种肉排、鸡排等。

⑤ 其他刀法(表5-6)

表5-6　砍劈和削旋的运刀方法

名称	方法
砍劈	主要要用于砍劈体积较大的带骨原料:一般用于砍刀操作,运刀要准确有力,尽量不反复,如需反复,也要在原刀口处落刀,以防把原料砍碎。
削旋	主要用于蔬菜、水果等原料的去皮和旋形,如将土豆、胡萝卜削成各种橄榄形和球形等。一般用小刀操作,要求运刀流畅、准确,用最少的刀数把原料削旋成形。

⑥ 包卷

包卷的操作方法是把经拍刀加工成薄片的原料平铺在菜墩上,用刀尖把纤维剁断,剁时要持"碎而不烂"的原则。剁好后,仍把原料平铺在菜墩上,再把一定形状的馅心放在原料的中央,然后用刀的前部把原料从两侧向中部包严,操作时可以在刀面上抹些水,以免黏刀。

包卷的质量要求细则为:外形美观,符合菜肴的形状规格;馅心包严实,不能在加热时漏馅;原料包均匀,不能有的部位厚有的部位薄,以至在加热时不能同时成熟。

3.蔬菜原料的处理

西餐中蔬菜的品种很多,其原料加工的方法也各不相同。

蔬菜原料加工的一般原则是:去除不可食用部位,如纤维粗硬的皮叶及腐烂变质部分;清洗污垢,如泥土虫卵等;保护可食用部分不受损失。

蔬菜原料的基本类型如表5-7所示。表5-8则分门别类地介绍了对这些原料的洗涤和初加工方法。

表5-7　蔬菜原料的基本类型

种类	介绍
叶菜类蔬菜	叶菜类蔬菜是指以脆嫩的茎叶为可食用部位的蔬菜。西餐中常用的叶菜类蔬菜主要有西芹、卷心菜、菠菜、生菜、荷兰芹等。

（续表）

种类	介绍
根茎类蔬菜	根茎类蔬菜是指以脆嫩的根茎为可食用部位的蔬菜。西餐中常用的根茎类蔬菜主要有土豆、胡萝卜、莴苣、洋葱、红菜头、辣根等。
瓜果类蔬菜	瓜果类蔬菜是指以果实为可食用部位的蔬菜。常见的瓜果类蔬菜主要有黄瓜、节瓜、番茄、茄子、青椒、甜椒等。
花菜类蔬菜	花菜类蔬菜是指以花为可食用部位的蔬菜。西餐中常用的花菜类蔬菜主要有花椰菜、西蓝花等。
豆类蔬菜	豆类蔬菜是指以豆和豆荚为可食用部位的蔬菜。西餐中常见的豆类蔬菜主要有四季豆、白扁豆、荷兰豆、豌豆等。

表5-8　蔬菜原料的洗涤和初加工方法

种类	方法
叶菜类蔬菜	1)选择整理：一般采用摘、剥的方法去除黄叶、老根、外帮、泥土及腐烂变质的部分。 2)洗净：一般用冷水洗涤，以去除未清除的泥土、杂物等。洗后用手摸水底，感到无泥沙时，表明已洗净。夏秋季虫卵较多，可先用2%的盐水浸泡5分钟，使虫卵吸盐收缩，浮于水面，便于洗净。 注：叶菜类蔬菜质地脆嫩，操作中应避免碰损蔬菜组织，防止水分及其他营养素的损失，保证蔬菜质量。
根茎类蔬菜	1)去除外皮：根茎类蔬菜一般都有较厚的外皮，纤维粗硬，不宜食用，多采用削、刨、刮等方法来去除外皮。 2)洗涤：根茎类蔬菜一般用清水洗净即可。土豆含鞣酸较多，去除外皮后易氧化，发生褐变。去皮后应及时洗涤，然后用冷水浸泡，以隔离空气，避免褐变。洋葱因含有较多的挥发性葱素，对眼睛刺激较大，故葱头也可以用冷水浸泡，以减少加工中葱素的挥发，减少刺激。
瓜果类蔬菜	1)去皮或去籽：黄瓜、茄子等可视其需要去皮，甜椒、青椒等则需去蒂去籽即可。 2)洗涤：一般瓜果类蔬菜用清水洗净即可。黄瓜、番茄等如生食，则应用0.3%的氯亚明水或高锰酸钾溶液浸泡5分钟，再用清水冲净即可。

（续表）

种类	方法
花菜类蔬菜	1）整理：去除茎叶，削去花蕾上的疵点，然后分成小朵。 2）洗涤：花菜内部易留有虫卵，可用2%的盐水浸泡后，使其萎缩掉落水中，再用清水洗净。
豆类蔬菜	四季豆、白扁豆、荷兰豆是以豆及豆荚为可食用部位的，初步加工时一般掐去蒂与顶尖，撕去侧筋，然后用清水洗净即可。豌豆是以豆为可食用部位，初步加工时剥去豆荚，洗净即可。

蔬菜原料的刀工成形方法主要有块、粒、丝、片、条、丁等。

（1）蔬菜丝的加工方法（表5-9）

表5-9　蔬菜丝的加工方法

种类	适用蔬菜品种及方法
切顺丝	胡萝卜、芹菜、辣根、红菜头等蔬菜大都应顺纤维方向切成顺丝。 1）将原料切成3~5cm长短相同的段。 2）将段顺纤维方向切成1~2mm厚的薄片。 3）再将片叠起，顺纤维方向切成丝。
切横丝	菠菜、生菜、卷心菜等叶菜类蔬菜，由于质地脆嫩，大部分应逆着纤维横切成丝。 1）去除叶梗，并将叶片切成适当的片。 2）将菜叶叠放一起，逆着纤维方向切成所需要宽度的丝。
竹筛棍	这是一种较短的蔬菜丝，主要用于土豆、芹菜、胡萝卜等的加工。 1）将原料切成1.5cm长短相同的段。 2）再顺长切成3mm厚的片。 3）再将片切成3mm×15mm的丝。
洋葱丝	1）将洋葱剥去老皮，切除根尖两端，纵切成两半。 2）顺纤维弧线运刀，切成薄厚切匀的片。 3）抖散成丝即可。
青椒丝	1）青椒去根蒂，去籽，纵切成两半。 2）再切去尖、根部，用刀片去内筋。 3）顺纤维方向切成均匀的丝。

(2) 蔬菜丁的加工方法(表5-10)

表5-10 蔬菜丁的加工方法

种类	适用蔬菜品种及方法
小方粒	主要用于洋葱、胡萝卜、蒜、芹菜等蔬菜的加工。 1)将蔬菜切成2mm厚的片。 2)再将片切成2mm宽的丝。 3)再将丝切成2mm×2mm×2mm的小方粒。
方丁	主要用于胡萝卜、芹菜、土豆、红菜头等蔬菜的加工。 1)将蔬菜切成0.5cm的厚片。 2)再将片切成0.5cm的丝。 3)再将丝切成0.5cm×0.5cm×0.5cm的丁。
大方丁	主要用于胡萝卜、土豆、红菜头等原料的加工。 1)将蔬菜切成1cm厚的片。 2)再将片切成1cm宽的条。 3)再将条切成1cm×1cm×1cm的方丁。
番茄粒	1)番茄洗净,顶部打十字刀。 2)用沸水烫后,入冰水浸泡,然后剥去外皮。 3)横向切成两半,挤出籽。 4)将切口朝下,用刀片成厚片,再直切成条。 5)再将条切成大小均匀的粒。

(3) 蔬菜片的加工方法(表5-11)

表5-11 蔬菜片的加工方法

种类	适用蔬菜品种及方法
切圆片	主要用于胡萝卜、黄瓜、土豆等蔬菜的加工。 1)将原料去皮,加工成圆柱状。 2)从一端切薄片。
切方片	主要用于胡萝卜、红菜头等蔬菜的加工。 1)将蔬菜去皮,切掉四面成长方形。 2)再将长方形切成1cm×1cm左右的长方条。 3)从一端将长方条切成1～2mm厚的方片。

（续表）

种类	适用蔬菜品种及方法
土豆片	1）将土豆去皮,切成长方形六面体。 2）从一端切成相应厚度的片,放入冷水中浸泡。 3）1mm厚的片用于炸土豆片,2mm厚的片用于烤或焗,3mm厚的片用于炸气鼓土豆,4mm~1cm厚的片用于炒、煎。
沃夫片	主要用于土豆、胡萝卜等蔬菜的加工。 1）将原料去皮削成直径为2cm的圆柱。 2）用波纹刀或沃夫刀,从一端先切下,然后再将原料转动45~90度角,切第二刀,以此类推,将原料切成蜂窝状的片。
番茄片	1）番茄洗净,果蒂横向放置。 2）用刀拉成3~5mm厚的片。

（4）蔬菜末的加工方法（表5-12）

表5-12　蔬菜末的加工方法

种类	适用蔬菜品种及方法
洋葱末	1）洋葱剥去老皮,去除头部,保留部分根部,纵切成两半。 2）用刀直切成丝,但根部勿切断。 3）将洋葱逆转90度,左手持刀,平刀片2至3刀,根部勿断。 4）按住根部。用刀从头部将洋葱切下成粒。 5）再将葱粒进一步斩碎即可。
蒜末	1）蒜剥去外皮,纵切成两半,摘除蒜芽。 2）用刀侧面盖住蒜瓣,用手拍压刀面,将蒜拍成碎块。 3）再将碎块斩碎即可。
番芫荽末	1）将芫荽叶摘下,洗净。 2）用刀斩碎成末。 3）用净纱布包好,清水洗出浆汁,并挤出水分,抖散即可。

（5）土豆的切割方法（表5-13）

表5-13 土豆的切割方法

种类	适用蔬菜品种及方法
土豆丝	1)将土豆洗净,去皮。 2)切成1~2mm厚的片。 3)将片再切成1~2mm宽的细长丝。
土豆棍	1)土豆洗净,去皮,切成5~6cm的长段。 2)将段切成厚3mm左右的片。 3)再将厚片顺长切成3mm宽的棍。
直身土豆条	1)选大个土豆洗净,去皮,顺长切成1cm宽的条。 2)用波纹刀或沃夫刀片切成1cm厚的片。 3)再将片用波纹刀或沃夫刀切成长5cm、宽1cm左右的条。
波浪土豆条	1)土豆洗净,去皮,切成5mm厚的片。 2)再将片切成3~4cm长、2cm宽的长方形片状的条。
扒房土豆条	1)土豆洗净,去皮,切成5mm厚的片。 2)再将片切成3~4cm长、2cm宽的长方形片状的条。

（6）蔬菜橄榄球的加工方法（表5-14）

表5-14 蔬菜橄榄球的加工方法

种类	适用蔬菜品种及方法
小橄榄球	主要用于胡萝卜、土豆等蔬菜的加工。 1)将原料切成长3~4cm、宽2cm、高2cm左右的长方体。 2)用小刀削成长3~4cm、中间高1~2cm的形似多半个橄榄的小橄榄球。
英式橄榄球	主要用于胡萝卜、土豆等蔬菜的加工。 1)将原料切成长5~6cm、宽3cm、高3cm左右的长方体。 2)再用小刀削成长4~5cm、中间高2cm左右、由六七个面构成的形似橄榄状的细长形橄榄球。
波都古堡式橄榄球	主要用于土豆的加工。 1)将土豆洗净,去皮,削成长5~6cm、直径3~4cm的圆柱体。 2)再将圆柱体用小刀削成长5~6cm、中间直径2.5~3cm、两端直径1.5~2cm、由六七个面构成的形似腰鼓状的橄榄球。

4. 水产类原料的处理

西餐烹调的常用水产包括鱼类、贝类、虾、蟹和部分软体动物。

(1) 鱼类原料的初加工方法

由于西餐使用的鱼类原料大多数是去骨原料,鱼类原料的初加工主要是对鱼进行剔骨处理。由于鱼类形态各不相同,烹调方法也存在差异,故其初加工方法也不尽相同(表5-15)。

表5-15　鱼类原料的初加工方法

种类	适用品种及方法
鲈鱼	此加工方法适用于鳜鱼、鲷鱼、鳟鱼、草鱼、墨鱼、三文鱼等圆锥形或纺锤形鱼类的鱼柳加工。 1)将鱼去鳞,去内脏,洗净。 2)将鱼头朝外放平,用刀顺鱼背鳍两侧将鱼脊背划开。 3)用刀自两个鱼鳃下斜着各切出一个切口至脊背。 4)运刀从头部切口处入刀,紧贴脊骨,从头部向尾部小心将鱼肉剔下。 5)将鱼身翻转,再从尾部向头部运刀,紧贴脊背将另一侧鱼肉剔下。 6)将剔下的部分的鱼皮朝下,并用刀在尾部横切出一个切口至鱼皮处。一只手捏住尾部;另一只手运刀从切口处将整张鱼皮片下即可。
比目鱼	此加工方法适用于比目鱼类的鱼柳加工。 1)将鱼洗净,剪去四周的鱼鳍。 2)用刀在正面鱼尾部切一个小口,将正面鱼皮撕开一点。 3)一只手按住鱼尾;另一只手涂少许盐,捏住撕起的鱼皮,用力将正面的鱼皮撕下。背面也采用同样的方法撕下鱼皮。 4)将鱼放平,用刀从头至尾从脊骨处划下,然后再用刀将鱼脊骨两侧的鱼肉剔下。 5)将鱼翻转,另一面朝上,用同样的方法将鱼肉剔下即可。
沙丁鱼	1)用稀盐水将沙丁鱼洗净,刮去鱼鳞。 2)切掉鱼头,并用刀斜着切开部分鱼腹,然后将内脏清除,并用冷水洗净。 3)用手指将尾部的脊骨小心剔下、折断,与尾部分开。 4)捏着折断的脊骨慢慢将整条脊骨拉出来即可。

(续表)

种类	适用品种及方法
虹鳟鱼	1)先将虹鳟鱼的胸鳍、背鳍剪去,再去掉鳃,刮去鱼鳞。 2)在鱼肛门处划一小口,再用手在鱼鳃开口处用力向下按鱼的内脏,使其从肛门处顶出,然后洗净。

(2)其他水产原料的初加工方法(表5-16)

表5-16　其他水产原料的初加工方法

种类	方法
大虾	方法一:将虾头、虾壳剥去,留下虾尾。用刀在虾背处从前至尾剖开,取出虾肠,将虾洗净。这种加工方法在西餐中应用较为普遍。 方法二:将大虾洗净,用剪刀剪去虾须和虾足,再将虾头上端剪一个小口挑出砂囊,最后将5片虾尾中较短的一片拧下后拉,把虾肠一起拉出。这种方式适合铁扒大虾菜肴的初加工。
蟹	方法一:用水洗净,摘下腹甲,取下蟹壳,然后取下白色蟹腮,并将其他杂物清除后,再用水冲净。将蟹从中间切开,然后取出蟹黄及蟹肉。用小锤将蟹腿、蟹螯敲碎,再用竹签小心将肉取出即可。 方法二:将蟹煮熟,取下蟹腿,用剪刀将蟹腿一端剪掉,然后用擀面杖在蟹腿上向剪开的方向滚压,挤出蟹腿肉。将蟹螯扳下,用刀敲碎其硬壳后,取出蟹螯肉。将蟹盖掀下,去掉蟹腮,然后将蟹身上的肉剔出即可。
牡蛎	1)用清水冲洗牡蛎,并清除掉硬壳表面的杂物。 2)右手握住牡蛎刀,左手拿住牡蛎,用左手拇指关节稳住牡蛎。 3)牡蛎的连接点在前,可把刀插进牡蛎盖与凹进的贝壳之间,把刀刃放在连接点处,用力挤压刀刃,以便通过侧面移动将刀刃插进两个盖子之间,切断支撑它们的筋。将牡蛎壳撬开。 4)用刀刃在贝壳内滑动,斜着向上将牡蛎肉与贝壳分开,剔下完整的牡蛎肉,保留汁液,清除贝壳在加工时所留下的碎片。 5)将牡蛎壳洗净、沥干,然后将牡蛎肉放回壳内即可。
贻贝	1)将贻贝清洗干净,撕掉海草等杂物。 2)放入冷水中,用硬刷将贻贝表面擦净干净。

(续表)

种类	方法
墨鱼	1）纵向将软骨上面的皮切开，然后剥开墨鱼背，撕去软骨，并摘除体内的内脏及墨鱼爪。 2）拉着墨管前段撕下墨袋。 3）去掉尾鳍，剥除外皮。 4）切除墨鱼体周边较硬部分，清洗干净即可。

5. 家畜类原料的处理

（1）畜肉类原料的初加工

西餐中常用的畜肉类原料主要有牛肉、羊肉和猪肉等，既有新鲜的，也有冷冻的（表5-17）。

表5-17　畜肉类原料的初步处理

种类	处理方法
鲜肉	鲜肉指屠宰后尚未经过任何处理的肉类。鲜肉最好即时使用，以免因贮存时间过长而造成营养素及肉汁的损失。如暂不使用，应先按其要求分档，然后再贮存于冷库。
冻肉	冻肉解冻应遵循缓慢解冻的原则，以使肉中冻结的汁液恢复到肉组织中，从而减少营养成分的流失，同时也能尽量保持肉的鲜嫩。 ①空气解冻法。将冻肉放在12～20℃的室温下自然解冻，这种方法时间较长，但肉中的营养成分及水分损失较少。 ②水泡解冻法。将冻肉放入水中解冻，这种方法传热快，解冻时间短，但肉中的营养成分损失较多，使肉的鲜嫩程度降低。此法虽然简单易行，但不宜使用。 ③微波解冻法。利用微波炉解冻，这种方法时间短，肉的营养成分及水分损失也较少。但解冻时一定要将肉类原料密封后，再放入微波炉中解冻。

畜肉类原料不同部位的成分和理化性质是不同的，一般地说，肉胴体的前部和下部结缔组织较多，肉纤维也较粗硬，含水分少，肉质老，肉胴体的上部和后部，结缔组织较少，含水分多，肉纤维较细，肉质也较嫩。

对畜肉类原料进行分档，就是把不同部位的肉分别取下，以便根据其质量特点恰当使用,这样既保证了材料的质量,又可以节约原料,降低成本,做到物尽其用。

①牛肉的分档取料(表5-18)

表5-18 牛肉的分档取料

名称	品质	适合方式
后腱子	结缔组织多,肉质较老,不易软烂,但口感较好。	宜用长时间的烹调方法烩、焖及制汤。
米龙	肉质较嫩。	一流的肉质适宜铁扒煎,较次的肉质则适宜烩、焖等。
和尚头	又称里仔盖,肉质较嫩。	适宜烩、焖等。一流的肉质适宜烤等。
仔盖	又称银边,肉质较嫩。	适宜煮、焖。
腰窝	又称后腰,肉质较嫩。	适宜烩、焖等。
外脊	外脊是牛脊部分。肉质鲜嫩,仅次于里脊肉。	剔去骨骼及筋膜可做西冷肉扒,如带骨使用,可做T骨牛扒。适宜烤、铁扒、煎等。
里脊	里脊在牛的脊背后部两侧,一边一条,肉质鲜嫩,纤维细软,含水分多,是牛肉中最鲜嫩的部位。	适宜烤、铁扒、煎等
硬肋	又称短肋,肉质较老,但肥瘦相间,味道香醇。	适宜烩、焖及制作香肠、培根等。
牛腩	又称薄腹,肉质软薄有白筋。	适宜烩、煮及制作香肠等。
胸口	胸口肉质肥瘦相间,但筋比肋条少。	适宜煮、烩等。
上脑	上脑在外脊的前部,肉质较鲜嫩,仅次于外脊肉。上脑肉肌间脂肪较多,风味香醇。	一流的肉质适宜煎、铁扒,较次的肉质适宜烩、焖等。
前腱子	肉质较老。	适宜焖及制汤。
前腿	肉质较老。	适宜烩、焖等。
颈肉	肉质较差。	适宜烩及制香肠。
牛尾	结缔组织较多,但有肥有瘦,风味独特。	可用来做汤菜。

② 羊肉的分档取料(表5-19)

表5-19　羊肉的分档取料

名称	品质	适合方式
前肩	脂肪少,但筋质较多。	适宜烤、煮、烩等。
后腿	脂肪少,肉质较嫩。	适宜烤或煮等。
胸口	结缔组织较多,脂肪较多,肥瘦相间,风味香醇。	适宜烩、煮等。
肋眼	又称中颈,肉质较嫩,脂肪较多。	适宜烩等。
颈部	肉质较老,筋也较少。	适宜烩、煮汤等。
肋背部	肉质鲜嫩。	适宜烤,铁扒、煎等。
羊马鞍	是指带有脊骨的两条羊排,肉质鲜嫩。	适宜铁扒、烤、煎等。
巧脯	肉质鲜嫩。	适宜铁扒、煎、烤等。

③ 猪肉的分档取料(表5-20)

表5-20　猪肉的分档取料

名称	品质	适合方式
猪蹄	又称猪脚,肉少筋多。	适宜煮或腌渍等。
前肩肉	肉质较老,筋质较多。	适宜煮、烩或制香肠。
上脑	肉质较嫩,脂肪较多。	适宜煮、烩或烤等。
外脊	肉色略浅,肉质鲜嫩。	适宜煎、烤、铁扒等。
里脊	里脊是猪肉中最细嫩的部分,无脂肪。	适宜烤或煎等。
短肋	又称五花肋条,有肋骨的部位称为硬肋,无肋骨的部位称为软肋。	适宜烩及制作培根。
腹部	又称腩肉,五花肉,肉质较差。	适宜煮、烩、制馅或烟熏。
后臀肉	后臀部由臀尖、坐臀和后腿三个部位构成,肉质较嫩,肥肉较少。	适宜炒、炸、烩、焖等。
前腿	肉质较老,筋质较多。	适宜煮、焖、烩类菜肴。

（2）畜肉类原料的刀工成形（表5-21）

表5-21　畜肉类原料的刀工成形

成形	种类	方法
肉片	里脊 外脊 米龙	①将原料去骨、去筋及清除多余的脂肪。 ②沿横断面切成所需规格的片。 ③如肉质较老，可用拍刀等轻拍，使其肉质松散。
肉丝	里脊 外脊 里仔盖	①将原料料去骨、去筋及多余的脂肪。 ②逆纤维方向切成0.5~1cm厚的片。 ③再将片切成5~7cm长的丝即可。
肉块的加工方法	大块、四方块、小块	①大块：主要用于焖、烤菜肴原料的加工。一般每块重量大约在750g~1kg。块的形状因不同畜肉的不同部位的差异不尽相同，一般是顺其自然形状而进行刀工处理。 ②四方块：主要用于烩制菜肴原料的加工。将原料去筋、去骨及多余的脂肪，切成3~5cm见方的块即可。 ③小块：主要用于串烧菜肴原料的加工。原料一般多用肉质鲜嫩的里脊肉、外脊肉等。将原料去骨、去筋及清除多余的脂肪，切成1.5~2cm见方的肉块即可。
常用里脊肉排的加工方法	肉排	①将里脊肉去筋及清除多余的脂肪。 ②切去粗细不均匀的头尾两端。 ③逆纤维方向将其切成厚2~3.5cm左右的片。 ④将肉横断面朝上，用手按平，再用拍刀拍成厚1.5cm左右的圆饼形。 ⑤最后将肉排四周用刀收拢整齐即可。
外脊肉排的加工方法	无骨肉排	①将原料去骨，并根据需要去筋及脂肪。一般外脊牛肉需保留筋膜及部分肥膘，羊排、猪排则要去掉筋及脂肪。 ②逆纤维方向切成所需规格重量及厚度的片。 ③如肉质较老，则可用拍刀拍松。如带有肥膘的肉排，还应用刀将肥膘与肌肉间的筋膜点剁断，以防止其受热后变形。

6.家禽类原料的处理

(1) 禽类原料的初步处理(表5-22)

表5-22　禽类原料的初步处理

种类	介绍
活禽	使用较少。一般这种原料在使用前先进行宰杀处理。
未开膛死禽	这种原料一定要及时开膛,洗涤,然后再贮存。因为禽类的内脏含有大量的细菌,如不及时清除,易使禽肉腐败变质。
净膛禽	这种原料使用较普遍。冷冻的净膛禽如不使用则不要解冻,应及时入冷库储存,使用时再进行解冻(冷冻禽类的解冻,同样要遵循缓慢解冻的原则,其方法与前述冻肉的解冻方法相同)。

(2) 禽类原料的初步加工方法(表5-23)

表5-23　禽类原料的初步加工方法

步骤	种类	方法
开膛	腹开	这种方法最为普遍,其操作方法是先在颈部与脊椎骨之间开个小口,取出食嗉,然后剁去爪子和头,割去肛门,再于腹部横切5~6cm长的口,这种方法叫"大开"。若在腹部竖切4~5cm的口,这种方法叫"小开"。一般大型禽类宜用"大开"方法,小型禽类用"小开"的方法。开口后,伸进手指轻轻拉出内脏,再抠去两瓣肺叶。操作时应注意不要将肝脏及苦胆弄破。最后用刀剔除颈部的V形锁骨。
	背开	颈根部至肛门处,用大刀将脊背骨切开,然后取出内脏。这种方法一般多用于扒菜的制作。
	肋开	在禽类的右翼下开口,然后将内脏、食嗉取出即可。
洗涤整理	整鸡整理	净膛后的禽类要及时清洗净,清洗时要检查内脏是否掏净,然后将翅膀别在背后,把双脚插入肛门切口内即可。
	内脏整理	肫子:将其所连带的食管割去,用刀剖开,剥去黄色内壁膜,洗涤干净即可;肝脏:摘去附着的苦胆,注意不要将苦胆弄破,然后洗涤干净;心脏:较容易整理,洗涤干净即可。

(续表)

步骤	种类	方法
	禽类的分档取料	西餐中常用的禽类原料主要有鸡、鸭、鹅、火鸡、鸽子、鹌鹑等,其肌体构造大都相同。现以鸡为例来加以说明。 1)用刀将鸡腿内侧与胸部相连接的鸡皮切开。 2)握住鸡腿,用力外翻,使大腿部关节与腹部分离露出大腿关节处。 3)用刀沿着鸡腿的关节入刀,将鸡腿卸下。 4)用手指扣住翅膀骨,用刀割开翅膀骨和锁骨的关节,将翅膀用力外拉,使鸡骨架部位与鸡胸部分离。 5)用刀尖挑断鸡里脊肉与胸骨连接的筋,用手指轻轻顺着里脊内的方向将它取下。 6)将鸡分割成鸡腿、鸡脯、里脊肉、骨架四大类,整理干净即可。

第六章　西式菜肴制作准备

1. 菜肴的初步热加工

初步热加工的英文名称是blanching,即对原料过水或过油进行初步处理。这种加工过程不能算是一种烹调方法,而是制作菜肴的初步加工过程。

菜肴的初步热加工有冷水法、沸水法和热油法三种(表6-1)。

表6-1　菜肴的初步热加工法

名称	加工过程	适用范围	加工目的
冷水加工法	将被加工原料直接放入冷水中加热至沸,再捞出原料并用冷水过凉。	适宜加工动物性原料,如牛骨等。	1)除去原料中的不良气味。2)除去原料中残留的血污、油脂及杂质等。3)缩短正式的加热时间。4)为食物的储存做准备。
沸水加工法	把被加工原料放入沸水中,加热至所需火候,再用凉水或冰水过凉。	适用范围广泛,蔬菜类原料如番茄、芹菜、豌豆、菜花、西蓝花等,荤菜类原料如牛肉块、鸡肉块等。	1)使原料吸收一部分水分,体积膨胀,如加工豌豆。2)使原料表层紧缩,关闭毛细孔以避免其水分及营养成分的流失,如加工鸡肉块、牛肉块等。3)使原料的酶失去活性,防止其变色,如加工花椰菜、西蓝花等。4)便于剥去水果或蔬菜的表皮,如加工番茄等。5)使蔬菜中的果胶物质软化,易于烹调,如加工芹菜、扁豆等。
热油加工法	将被加工原料放入热油中,加热至所需的火候取出备用。	适宜加工土豆及大块的牛肉、鸡肉等。	1)使原料表面至熟,为进一步加热上色做准备,如加工土豆条。2)使原料表层失去部分水分,形成硬壳,以减少原料水分的流失,如加工牛肉块等。

2. 基础汤烹制

基础汤是用微火、通过长时间制作提取的一种或多种原料的原汁,含有丰富的营养成分和香味物质。它是制作汤菜、沙司的基础,因此是西餐厨房必备的半成品,英文是stock。

基础汤不是成品汤,但它直接影响汤菜的质量,因此,基础汤的质量好坏也是衡量一个厨师工作质量的重要标准之一。

基础汤主要有白色基础汤、布朗基础汤和鱼基础汤三种(表6-2)。

表6-2　三种主要的基础汤

名称	介绍
白色基础汤	包括牛基础汤、小牛基础汤和鸡基础汤等,用于白沙司、白烩及黄烩等菜肴制作。
布朗基础汤	布朗基础汤包括牛基础汤、羊基础汤、小牛基础汤及野味基础汤等,主要用于布朗沙司及红烩红焖等菜肴的制作。
鱼基础汤	鱼基础汤从色泽上看属白色基础汤,但鱼基础汤的制法与白色基础汤不同,所以单分为一类,主要用于鱼类菜肴制作。

(1) 基础汤的制法

① 白色基础汤的一般制法

● 原料:

清水4L,骨头2kg,蔬菜香料(洋葱、芹菜、胡萝卜)0.5kg,香料包(百里香、香叶、番芫荽)1个,黑胡椒12粒。

● 制作方法:

a.将骨头锯开,取出油与骨髓。

b.放入汤锅内,加入冷水煮开。

c.及时撇去浮沫,将汤锅周围擦净,并改微火,使汤保持微沸。

d.加入蔬菜香料、香料包及黑胡椒粒。

e.小火煮4~5h,并不断地撇去浮沫和油脂。

f.最后用细筛过滤。

在烹调中,会有一定量的水分蒸发,因此,在煮汤的过程中可以加少量的热水,来补充一定的水分。

② 布朗基础汤的一般制法

● 原料:

用白色基础汤,另加番茄酱40g。

● 制作方法:

a. 将骨头锯开,放入烤箱中烤成棕红色。

b. 滤出油脂,将骨头放入锅内,加入冷水煮开,撇去浮沫。

c. 将蔬菜切片,用少量油将其煎至表面棕红色,加入番茄酱炒至棕褐色,滤出油脂倒入汤锅中。

d. 加入香料包、黑胡椒粒。

e. 用小火煮6h,并不断撇去浮沫及油脂。

f. 然后用细筛过滤。

在制作布朗基础汤时,可加入一些碎番茄及蘑菇丁等,以增加汤的色泽及香味。

③ 鱼基础汤的一般制法

● 原料:

水4L,比目鱼或其他白色鱼骨2kg,葱头200g,黄油50g,黑胡椒6粒,番芫荽梗、柠檬汁适量。

● 制作方法:

a. 将黄油放入厚底锅中,烧热。

b. 放入洋葱片、鱼骨及其他原料,加盖,用小火煎5min。

c. 加入冷水煮开,撇去浮沫及油脂。

d. 用小火煮45min左右,并不断撇去浮沫及油脂。

e. 最后用细筛过滤。

(2) 基础汤烹饪应注意的要点(表6-3)

3. 沙司的制作

沙司滋味的来源和色彩的形成,既不依靠添加剂,也不依靠色素,完全依赖于原料本身及其他调料的恰当配合。其制作质量要求为:

a. 光亮,能提高菜品的亮度。

表6-3　烹饪基础汤的注意要点

选料原则	应选鲜味充足又无异味的原料,这些原料大都含有核苷酸、肽、滤珀等鲜味成分。其中同一种动物生长期长的比生长期短的鲜味成分多。在同一个动物体上,肉质老的部位比肉质嫩的部位鲜味成分多。另外,不新鲜的骨头、肉或蔬菜都会给基础汤带来不良气味,而且基础汤也易变质。
用料比例	制作基础汤,汤料与水的比例一般是1:3。但也不是绝对的,用于高档宴会,汤料与水的比例可为1:2;用于便餐,汤料与水的比例可为1:5。但汤料含量不宜过少,否则汤就会失去鲜味,影响菜肴的质量。
制作过程	1)制作基础汤时汤中的浮沫和油脂应及时取出,否则会在煮制时融入汤中影响基础汤的色泽和香味。 2)基础汤在煮制过程中,应使用微火,使汤保持在微沸状态,如用大火煮,会使汤液蒸发过快,变得浑浊。 3)煮汤过程中不应加盐,因为盐是一种强电解质,会使汤料中的鲜味成分不易溶出。

b.有一个主要的口感和香味。

c.很顺滑,不能让人觉得过于浓稠。

(1) 布朗沙司

① 原材料

● 主料:牛骨500g。

● 辅料:西芹1棵,胡萝卜1根,红葱头1个。

● 调料:番茄酱250g,大蒜8粒,红酒500mL,面粉、香草适量。

② 制作

a.牛骨洗净泡半小时去血水,沥干水分待用。

b.牛骨排在烤盘上,表面涂抹番茄酱,入预热200℃烤箱烤20min。

c.西芹、洋葱、胡萝卜洗净切块,大蒜整粒洗净。

d.锅中放少量油,先放洋葱和大蒜,以中火炒出香味后加入西芹和胡萝卜。

e.加入番茄酱炒匀,加入适量面粉,调小火继续翻炒,加入烤过的牛骨。

f.加入500mL红酒,没过所有材料,用大火煮开。

g.转入高压锅,上汽后调小火30min关火,自然排气后打开。

h.过滤出汤汁,倒入锅中,加入适量综合香草,大火煮开后再小火煮2min即成基础布朗沙司。

布朗沙司有很多衍生品,如蜂蜜沙司、马德拉沙司、鲜橙沙司、胡椒沙司、魔鬼沙司、罗伯特沙司、巴诗沙司、布尔多沙司、巴黎沙司等。

(2) 奶油沙司

奶油沙司(Bechamel or Supreme Sauce)亦称白汁,是将鸡汤和牛奶倒入锅内,烧沸后加入油面酱、盐,搅匀过滤,再加入鲜奶油即可,此沙司用途较广,各种白烩菜类都可用;以热吃为宜,也有冷食的,其特点鲜肥浓滑,颜色乳白。

① 原料

鸡高汤400mL,法式面酱80g,牛奶400mL,豆蔻粉3g,盐5g。

② 制作

鸡高汤放入锅中用大火煮沸1min,转小火加入法式面酱搅至稠状后倒入牛奶搅拌,最后放豆蔻粉和盐。

奶油沙司同样有很多衍生品,如奶油莳萝沙司、龙虾油沙司、莫内沙司、红花奶油沙司、他拉根沙司、布列塔尼沙司、水瓜钮沙司、外交沙司等。

(3) 荷兰沙司

荷兰沙司为乳黄色,香鲜微酸,是西餐的传统沙司,可用于多种肉类主菜,特别适用于清炖的肉块或煎猪排、煎牛排等菜肴。

① 原料与调料

蛋黄3个,芥末1汤匙,味精、盐少许,黄油1/4块,白醋、柠檬汁适量。

② 制作

a.将蛋黄、黄油、芥末、味精、盐、白醋放于容器内。

b.充分搅拌。

荷兰沙司的衍生品有马尔太沙司、班尼士沙司等。

(4) 番茄沙司

番茄沙司是一种以番茄为主要原料、辅以各种其他调味料制成的酱料。番茄沙司呈红褐色、酱状,体质细腻,味酸甜而微有香辣味,是意大利菜肴中的经典沙司。一般作为制作肉食和蔬菜的酱料,但最常见于制作意大利面等食品时作为调料。番茄沙司有多种口味,最常见的有大蒜口味、甜椒口味、辣椒口味、海鲜口味。番茄沙司和番茄酱最大的区别在于番茄沙司可以直接食用,而番茄酱则必须经过烹饪处理才能食用。

① 原材料

番茄果肉,糖,食盐,醋,色拉油,大蒜,牛至,罗勒,洋葱,辣椒粉,橄榄油等。

② 制作

先将番茄洗净、剥皮、捣碎,通过炒烩加热,达到混合、溶解、杀菌的效果;

a.加热后过滤,去渣后在纯清的汁液内添加砂糖、盐、醋和香辛料;

b.最后将做好的汁液经自然冷却后贮藏在容器内放入冰箱冷藏。

注意,烧煮时稍加些醋,就能破坏其中的有害物质番茄碱。

番茄沙司的衍生品有番茄杂香草沙司、普鲁旺沙司、葡萄牙沙司等。

(5) 黄油沙司

黄油沙司应用广泛,变化也较多,不同的厨师有不同的制作方法。黄油沙司的特点是软绵肥厚、醇香,常用于烤、扒的肉类菜肴等。

① 原材料

黄油1kg,法国芥末20g,冬葱碎100g,洋葱碎100g,香葱50g,牛膝草5g,莳萝5g,他拉根香草10g,银鱼柳8条,蒜碎10g,咖喱粉5g,红椒粉5g,柠檬皮5g,橙皮3g,白兰地酒50mL,马德拉酒50mL,辣酱油5mL,盐12g,黑胡椒粉10g,蛋黄4个。

② 制作

a. 把黄油软化,然后将其打成奶油状。

b. 用黄油将冬葱碎、洋葱碎、蒜末炒香至软。

c. 加入其他原料,稍炒,晾凉,放入软化的黄油中,再加入蛋黄,搅拌均匀。

d. 将搅匀的黄油用油纸卷成卷或用挤带挤成玫瑰花形,放入冰箱冷藏,备用。

黄油沙司的衍生品有蜗牛沙司、柠檬沙司、文也沙司等。

(6) 咖喱沙司

咖喱沙司色泽黄绿,细腻有光泽,咖喱味浓郁。咖喱沙司用途广泛,常用于蔬菜、鸡蛋、虾、肉类、禽类等。

① 原材料

咖喱粉50g,植物油50g,面粉50g,基础汤2.5L,水果(苹果、香蕉、葡萄干等)500g,椰奶200mL,葱头100g,蒜50g,胡椒粉与盐适量。

② 制作

a. 用植物油炒葱碎、蒜碎,出味至软。

b. 加入面粉、咖喱粉,小火炒至松散,晾凉。

c. 逐渐加入煮开的基础汤,搅打均匀,至上劲有光泽。

d. 加入切碎的水果、椰奶、盐、胡椒粉调味。

e. 小火微沸30到60min,至水果软烂,过滤即可。

除以上五大类常用沙司外,西餐菜肴中还会用到一些特别冷沙司,如表6-4所示。

表6-4　特别冷沙司

沙司名称	制作方法
鱼籽酱沙司(caviar sauce)	将蛋黄酱、黑鱼籽酱和鳀鱼酱搅拌均匀即可。
绿色沙司(green sauce)	蛋黄酱、菠菜泥、番芫荽末和他拉根香草混合即可。
尼莫利沙司(remoulade sauce)	蛋黄酱、酸黄瓜丁,水瓜钮和他拉根香草一起混合即可。
渔夫沙司(Fisherman's sauce)	熟蟹肉切碎,然后加入油醋汁内,搅拌均匀即可。
安德鲁沙司(Andalous sauce)	红甜椒洗净切丝,放入沙司锅内,加入蛋黄酱和番茄沙司,搅拌均匀即可。
肯白雷德沙司(Cambridge sauce)	蛋黄酱放入沙司锅内,加入鳀鱼碎、水瓜钮、花椒粉、番芫荽末,搅拌均匀即可。

（续表）

沙司名称	制作方法
切特力沙司（Chantilly sauce）	蛋黄酱和鲜奶油搅拌均匀即可
格罗格斯特沙司（Gloucester sauce）	酸奶油、OK汁、小茴香末和蛋黄酱一起搅拌即可
挪威沙司（Norway sauce）	把熟鸡蛋黄和鳀鱼切碎，放入油醋汁内，搅拌均匀即可。
醋辣沙司（Ravigote sauce）	把酸黄瓜和水瓜钮切碎，放入油醋汁内，搅拌均匀即可。
辣根沙司（Horseradish sauce）	去掉辣根外皮，用擦床擦成末，放入醋、精盐、糖、冷开水，调匀即可。

4. 配菜的作用

配菜是热菜肴不可缺少的组成部分。西餐菜肴一般在主要部分烹制完成后，还要在盘子的边上或在另一个盘子内配上一定量加工成熟的蔬菜或米饭、面食等，从而组成一道完整的菜肴。这种与主料相搭配的菜品就叫配菜。

配菜的作用大致有以下几点。

（1）使菜肴造型色泽更富美观

各种配菜多数是用不同颜色的蔬菜制作的，而且要求加工精细，一般要加工成一定的形状，如条状、橄榄状、球状等，从而增加菜肴的色彩，使菜肴整体更加美观。

（2）使菜肴营养搭配均衡合理

西餐热菜大多数是用动物性原料制作的，而配菜一般由植物性原料制作，这样就使一份菜肴既有丰富的蛋白质、脂肪，又含有丰富的维生素、无机盐，从而使营养搭配更趋合理，以达到营养全面的目的。

（3）使菜肴富有风味特点

配菜品种很多，使用时虽有较大的随意性，但也有一定规律可循，如一般水产类菜肴配煮土豆或土豆泥，烤、铁扒类菜肴多配炸土豆条、烤土豆等，煎、炸类菜肴多配应时蔬菜，汤汁较多的菜肴多配米饭，意式菜多配面食，德式菜则多配酸菜等。这样使菜肴既能在风格上统一，又富有风味特点。

第七章 西式厨房的卫生与安全

1. 厨房设备与工具的卫生要求

厨房生产设备与工具的卫生,主要是指加热设备、制冷设备和冷藏设备与工具的卫生。对各种设备、工具进行必要的卫生管理,不仅可以保持设备与工具的清洁,便于操作,而且可以延长设备、工具使用寿命,减少维修和能源消耗,保证食品的卫生。

(1) 油炸锅的卫生要求

油炸锅所用的油多半是反复使用的,因此,必须做到每时段把炸锅用油过滤一遍,除去油中残渣。如果厨房制作的油炸菜点过多,就必须及时换油和清洗油锅。油炸锅在不用时应用锅盖盖严。

(2) 烤盘的卫生要求

用于制作牛排或汉堡包的烤盘,是用燃气或电力加热的。每次烤完食品,应清除盘中的残存食物渣屑,并及时清洗干净。具体办法是,将受热烤盘的表面用合成洗涤剂清洗,洗净后,把烤盘表面揩干。

(3) 烤箱的卫生要求

对烤箱中所有散落的食品渣,都应在烤箱晾凉后扫净。遗留在炉膛内的残渣,可以用小刷清扫,然后用浸透了合成洗涤剂溶液的抹布擦洗。千万不可将水泼到开关板上,也不能用含碱的液体洗刷内膛和外部,以免损害镀膜和烤漆。烤箱的喷嘴应每月清洁一次,其控制开关则应定期校正。

(4) 炉灶的卫生要求

保持炉灶卫生的关键,是及时清除所有溢出、溅在灶台上的残渣。灶面和灶台应每天擦干净。每月应用铁丝疏通一次燃气喷嘴。

(5) 蒸箱、蒸锅的卫生要求

蒸箱、蒸锅每次用后都应将残渣擦去。如果有食物残渣糊在笼屉里面,应先用水浸湿,然后用软刷子刷除。其筛网也应每天清洗,有泄水阀的应打开清洗。

(6) 搅拌机的卫生要求

搅拌机每天使用之后,应用含有合成洗涤剂的热水溶液擦洗,再用清水冲洗,擦干。洗碗机和搅拌机可在原处清洗。搅拌机上有润滑油的可拆卸部件,每月应彻底清洗一遍。

(7) 开罐器的卫生要求

开罐器必须每天进行清洗。清洗时,把刀片上遗留的食物和原料清除干净。刀片变钝以后,罐头上的金属碎屑容易掉入食物内,应加以注意。

2. 餐具的消毒

(1) 煮沸消毒法

先将碗筷等餐具用温水洗净,并用清水冲干净后用筐装好,煮沸15～30min,将筐提起,将碗放在清洁的碗柜里保存备用。

(2) 蒸汽消毒法

用密闭的木箱(或笼屉代替),木箱一端连着汽管,消毒时将洗干净的食具或用具放在木箱里盖严后,打开蒸汽管,蒸15～30min即可取出。

(3) 高锰酸钾(KMnO₄)溶液消毒法

此法只限于消毒玻璃器皿和不耐热的器具。取高锰酸钾5g放入5kg开水(温凉)中,充分摇荡,混合制成1‰的溶液,将洗净的餐具浸泡在溶液中,约5～10min即可使用。高锰酸钾溶液必须现配现用,才能起到消毒作用;当其由紫红色变浅或变棕色时,即需更换。

(4) 漂白粉溶液消毒法

将5g新鲜的漂白粉(有效成分为次氯酸钠,NaClO)溶化在10kg的温水中(0.05%),用具、餐具洗刷干净后放入此溶液中浸泡5～10min即可达到消毒目的。

(5) "新洁尔灭"消毒法

新洁尔灭(bromo-geramine),即十二烷基二甲基苄基溴化铵。为一种季铵盐阳离子表面活性广谱杀菌剂,杀菌力强,对皮肤和组织无刺激性,对金属、橡胶制品无腐蚀作用,可长期保存效力不减。

"新洁尔灭"的消毒原理是凝固菌体蛋白和阻碍细菌代谢。消毒时,可配成0.2‰的溶液,然后将消毒餐具在此溶液中浸泡5min,再用清水洗净。使用时,应注意浓度适中,因为浓度过低,达不到杀菌效果,浓度过高,则可能具有余毒。

餐具消毒后(无论是哪种消毒法)都不要再用抹布去擦,以免再受污染。消毒的溶液要经常更换,否则会影响消毒效果。

据卫生部门化验测定,煮沸消毒和蒸汽消毒这两种方法的消毒效果最好。

3. 作业场所的卫生要求

灶具、排菜台内外清洁,调味缸放置整齐;冰箱冷库的外表整洁,下无渍水、上无油垢;蒸箱里外清洁,上无杂物和油垢;走道明亮清洁、无杂物;原料仓库堆放整齐、物品不靠墙、不着地、无蜘蛛网;油烟道外墙无油垢;厨房工具用具清洁、放置整齐,刀不生锈,木见本色;下水道无堵塞、无油污,保持畅通无阻。

4. 作业环境的卫生要求

厨房标志无灰尘、无污迹;门窗玻璃明亮、无灰尘;天花板和墙面无灰尘、无污迹、无蜘蛛网;地面无污迹、无异味、干净光亮、无杂物;灯具无灰尘、无污迹;厨房内空气清新无异味,同时设有防"四害"装置。

5. 储藏室的卫生要求

储藏室实行专用并设有防鼠、防蝇、防潮、防霉、通风的设施及措施,保证运转正常;各类物品应分类、分架,隔墙隔地存放,调味品需有明显标志,有异味或易吸潮的调味品应密封保存或分库存放,易腐调味品要及时冷藏、冷冻保存;建立储藏室进出库专人验收登记制度,做到勤进勤出,先进先出,定期清仓检查,防止调味品过期、变质、霉变、生虫,及时清理不符合卫生要求的物品;不同的物品应分开存放,调味品不得与药品、杂品等物品混放;储藏室应经常开窗通风,定期清扫,保持干燥和整洁;工作人员进入储藏室应穿戴整洁的工作衣帽,保持个人卫生。

6. 个人卫生习惯与身体健康要求

厨房工作人员必须要有良好的卫生习惯(勤理发、勤剪指甲、勤洗澡、勤换衣服);严禁操作时抽烟、吃零食;保持工作衣帽的二白、专间人员的三白(衣、帽、口罩);如厕后要洗手,专间人员应更衣后上厕所;厨房人员不许佩戴首饰操作;随身佩戴的擦手毛巾要保持松软整洁;严禁在操作岗位上挖耳朵、掏鼻子、梳理头发和挠头皮。

厨房工作人员应持卫生行政部门颁发的食品操作人员《健康证》方可上岗,每年体检一次;要特别注意防止胃肠道和皮肤病的感染,定期体检,积极预防;凡患有痢疾、伤寒、病毒性肝炎(包括病毒携带者)、活动型肺结核、化脓性渗出性皮肤病等有碍食品卫生疾病者,要及时停止接触直接入口食品的工作。

7. 食品卫生法规与卫生管理制度

根据《食品安全法》及其实施条例的规定,餐饮酒店应遵守食品卫生法规与卫生管理制度。

(1) 餐饮酒店食品卫生五四制

① 由烹饪原料到成品实行"四不制度"

采购员不买腐烂变质的烹饪原料;保管验收员不收腐烂变质的烹饪原料;加工人员(厨师)不用腐烂变质的烹饪原料;营业员(服务员)不卖腐烂变质的菜点食品。(零售单位不收进腐烂变质的菜点食品;不出售腐烂变质的菜点食品;不用手拿菜点食品;不用废纸、污物包装菜点食品。)

② 菜点成品存放实行"四隔离"

生与熟隔离;菜点成品与半成品隔离;菜点成品、半成品与杂物、药物隔离;菜点成品与自然冰隔离。

③ 厨房用(食)具实行"四过关"

一洗、二刷、三冲、四消毒。

④ 厨房环境卫生采取"四定"办法

定人、定物、定时间、定质量,划片分工包干负责。

⑤ 厨师个人卫生做到"四勤"

勤洗手剪指甲;勤洗澡理发;勤洗衣服被褥;勤换工作服。

（2）饮食卫生制度

菜点食品从业人员按《食品安全法》要求每年必须体检一次,合格后方可上岗,发现"五病"人员,应及时调离;厨房环境卫生一市一扫,每周大扫,落实"四定"(定人、定物、定时间、定质量),划片包干、分工负责;做好菜点食品加工各环节验收验发工作,不进、不加工、不出售劣质变质菜点食品;厨房冰箱应有专人保管、经常清洗、霜薄气足、先进先出,菜点食品及半成品分类放置,做到"四隔离",成品、半成品、生熟菜点食品应分开,防止交叉污染;菜点食品要现烧现吃,隔夜隔顿要回锅;"三冷"专间要做到"三专一严"(专间、专人、专用工用具、严格消毒),应备有三盆水(洗涤水、清水、消毒水),人员要做到"三白"(工作衣、帽、口罩),专间内不得放置杂物及未经消毒的生食品,做好专间经常性保洁卫生工作;餐饮器具容器清洗消毒应做到一洗、二过、三消毒、四保洁。消毒应达到食品与药品监督管理局(FDA)规定要求;菜点食品仓库烹饪原料应做到隔墙离地,分类分架,散装调味品应加盖加罩存放。包装菜点食品应有品名、厂名、厂址、生产日期、保质期等,过期菜点食品应及时处理;厨房操作人员应统一穿戴整洁的白色工作衣、帽,不戴饰物、不涂指甲油,厨房内不吸烟;落实防蝇、防鼠及其他虫害的措施,做好经常性除害工作。

8. 作业场所切割伤的预防

被刀割伤是厨房员工经常遇到的伤害,因此预防就显得尤为重要。

（1）锋利的工具应妥善保管

刀具不使用时应挂放在刀架上或专用工具箱内,不能随意放置在不安全的地方,如抽屉内、杂物中。

（2）按照安全操作规范使用刀具

将需切割的烹饪原料放在砧板上,根据原料的性质和菜点烹调的要求,选择合适的刀法,并按刀法的安全操作要求,对烹饪原料进行切割。

(3) 保持刀刃的锋利

在实际操作中,钝的刀刃比锋利的刀刃更容易引起事故,钝的刀刃在切割原料时更容易使烹饪原料滑动造成事故。

(4) 各种形状的刀具要分别清洗

各种形状的刀具应分别洗净集中放置在专用的盘内,切勿任其浸没在放满水的洗池内。

(5) 刀具要适手

选择一把适合自己的刀具很有必要,这样你会很快熟悉它的各项性能,并保证其处于良好状态。

(6) 严禁用刀胡闹

厨房员工不得拿着刀或其他锋利的工具进行打闹。一旦发现刀具从高处掉下,不要随手去接。

(7) 集中注意力

厨师在使用刀具切割原料时,注意力要高度集中,下刀宜谨慎,不要与别人聊天。

(8) 刀具摆放要合适

不得将闲置的刀具放在切配台边,以免掉在地上或砸在脚上;不得将闲置的刀具放在砧板上,以免戳伤自己或他人;切配整理阶段,不要将刀口朝向自己,以免忙乱中碰上刀口。

(9) 谨慎使用各种切割,研磨机器

使用切片机、绞肉机、粉碎机时必须严格按产品使用说明操作,或定专人负责。

(10) 清洗设备前须切断电源

清洗切割设备前,必须将电源切断,按产品说明拆卸清洗。

(11) 谨慎清洁刀口

擦刀具时,将布折叠到一定厚度,从刀具中间部分向外侧刀口擦,动作要慢,要小心。

(12) 使用合适的工具

不得用刀来代替旋凿开罐头,也不得用刀来撬纸板盒和纸板箱。必须使用合适的开容器的工具。

9. 作业场所跌跤、扭伤的预防

厨师跌跤、扭伤事故发生的频率比较高。这种事故常发生在搬运重物、高空取物、清洁工作或行走中。发生事故的原因有厨师自身身体的原因，如身体条件差、身体不灵活等，也有厨房环境条件的原因，如场地湿滑、有油、室内排水不畅造成积水等。对于跌跤、扭伤事故的预防，可采取如下有效措施：

（1）清洁地面，始终保持地面的清洁和干燥，有溢出物须立即擦掉。这既是卫生的需要，也是安全的需要。

（2）清除地面的障碍物。随时清除丢在地上的盒子、抹布和拖把等杂物。一旦发现地砖松动或翻起，应立即重新铺设整齐或调换。

（3）小心使用梯子，从高处搬取物品时需用结实的梯子。

（4）开关门要小心，进出门不得跑步。

（5）穿鞋要合脚。厨房人员应穿低跟鞋，最好是鞋底不滑的合脚鞋子。

（6）保证员工通道及进出门的安全性。经常清扫这一区域，保持这一地带的整洁。

（7）避免滑跤。厨房及餐厅应采用防滑地砖，炉灶前加地垫。

（8）张贴安全告示，必要时张贴"小心地滑"和"注意脚下"等警示标志。

（9）保证照明亮度。应保证厨房内、楼梯间或其他不经常使用的区域照明亮度。

（10）搬东西时不要急转或扭动背部，且留意脚步；搬运过重的东西时，应找助手或利用车子来帮忙。

10. 厨房器具使用安全

（1）气瓶与管道阀门

厨房内的燃气燃油管道、阀门必须定期检查，防止泄漏。如发现燃气燃油泄漏，首先应关闭阀门，及时通风，并严禁使用任何明火和启动电源开关。厨房中的气瓶应集中在一起管理，距灯具或明火等高温表面要有足够的间距，以防高温烤爆气瓶，引起可燃气体泄漏，造成火灾。

(2) 灶具

厨房中的灶具应安装在阻燃性材料上,与可燃物有足够的间距,以防烤燃可燃物。厨房灶具旁的墙壁、抽油烟罩等容易污染处应天天清洗,油烟管道至少应每半年清洗一次。

(3) 炊具

厨房内使用的各种炊具,应选用经国家质量检测部门检验合格的产品,切忌贪图便宜而选择不合格的器具。与此同时,这些器具还应严格按规定进行操作,严防事故的发生。诸如:

● 刀具由使用人自行维护及保管,使用前检查刀具是否有裂纹、松柄、锈蚀等现象。根据刀具种类进行正常加工。

●用具摆放在正确安全的位置,必须平放,不宜放在操作台边沿及过高处。

●墩、勺、盆等在使用前注意检查卫生、破损、变形等情况。

●操作(用刀)时,其他人不可影响(如碰撞、打闹、聊天等)操作者。

11. 厨房防火要求

(1)尽量使用不燃材料制作厨房构件。炉灶与可燃物之间应保持安全距离,防止引燃和辐射热造成火灾。

(2)炉具使用完毕,应立即熄灭火焰,关闭气源,通风散热;炉灶、排气扇等用具上的油垢要定时清除;收市前要检查厨房电器具是否断电,燃气阀门是否关闭,明火是否熄灭。

(3)油炸食品时,油锅搁置要平稳,油不能过满,锅里的油不应该超过油锅容量的三分之二,并注意防止水滴和杂物掉入油锅,致使食油溢出着火。与此同时,油锅加热时应采用温火,严防火势过猛、油温过高造成油锅起火。

(4)起油锅时,人不能离开,油温达到适当高度,应即放入烹饪原料。

(5)遇油锅起火时,特别注意不可向锅内浇水灭火,可直接用锅盖或灭火毯覆盖,或用切好的蔬菜倒入锅里以熄灭火。

(6)煨、炖、煮各种菜点时,应有人看管,汤不宜过满,在沸腾时应调小炉火或打开锅盖,以防外溢熄灭火焰,造成燃气泄漏。

(7)厨房工作人员必须遵守安全操作规程和防火规定。

(8)各种煤气炉灶点火时,要用点火棒,不得使用火柴、打火机或纸张直接点火。

(9)在炼油、炸制食品时,必须有专人看管,锅内不要放油过多,油温不能过高,严防因油溢出和油温过高导致食用油自燃引起火灾。

(10)使用煤气时,随时检查煤气阀门或管道有无漏气现象,发现问题要及时通知维修部门进行维修。燃气漏气安全、可靠的检查方法可用软毛刷或毛笔蘸肥皂水涂抹,发现肥皂水连续起泡的地方即为漏气部位;严禁用明火直接检查漏气部位。

(11)经常检查各种电器和电源开关,防止水进入电器,以免造成漏电、短路、打火等。

(12)要及时清理烟罩、烟囱和灶面及其他灶具,避免因油垢堆积过多而引起火灾。

(13)使用罐装液化气时,气罐与灶具应隔墙设置,不准在气罐的周围堆放可燃杂物,严禁对气罐直接加热。

(14)定期清理吸油烟器中的油污,防止油污遇明火致燃。

(15)收市前对安全情况进行全面检查,做到人走炉灶熄火,并关闭电源和气源,及时消除火灾隐患

(16)厨房应按要求配备相应的消防装置,工作人员要熟悉报警程序和各种消防设施,学会使用灭火器材,遇有火灾,设法扑救。

12. 厨房灭火要求

(1)厨房燃气设备起火。只能关闭灶头的阀门,切不可关闭管道总阀,否则会引起燃气管道爆炸。必须先灭火,后关阀。

(2)油锅起火。千万不可浇水,否则水在油锅内会炸,引起大火蔓延、人员烫伤;应使用灭火毯和泡沫灭火器。

(3)电气设备起火。千万不可浇水,否则会触电;应先关闭电源,再用 CO_2 或干粉灭火器灭火。

(4)排烟管道起火。应先关闭排风机,再用灭火器喷射。

(5)垃圾桶起火。向垃圾桶内浇水即可灭火。

附录:题库

- 是非题
- 单项选择题
- 多项选择题

一、是非题

1. 冷菜大体上可分为冷开胃菜和冻甜品类两大类。
   （A）正确　　　　　　　（B）不正确

2. "搅拌机"的英语表述是：kneader。
   （A）正确　　　　　　　（B）不正确

3. 英语Pepper的中文意思是：胡椒。
   （A）正确　　　　　　　（B）不正确

4. 西餐是中国人及其他东方国家对欧美各国菜点的统称，同时也是
   对西方餐饮文化的统称。
   （A）正确　　　　　　　（B）不正确

5. 千岛汁是以蛋黄酱为基础衍变出的一种沙司，常用于色拉的调味。
   （A）正确　　　　　　　（B）不正确

6. 提取动物的骨胶，把加工成熟的原料制成透明的冻状冷菜称为胶
   冻类菜肴。
   （A）正确　　　　　　　（B）不正确

7. 西餐中的色拉不能作为主菜。
   （A）正确　　　　　　　（B）不正确

8. 欧美国家的色拉酱汁有好几百种之多，根据酱汁的不同，西餐色拉
   又有着许许多多不同的做法。
   （A）正确　　　　　　　（B）不正确

9. 打蛋黄酱时加入白醋后，酱的颜色会变白。
   （A）正确　　　　　　　（B）不正确

10. 制作西芹苹果色拉，芹菜应该切丁。
    （A）正确　　　　　　　（B）不正确

11. 如果厨房中的油锅起火应立即向锅内浇水灭火。
    （A）正确　　　　　　　（B）不正确

12. 番茄沙司和番茄酱最大的区别在于番茄沙司可以直接食用，而番
    茄酱则必须经过烹饪处理。
    （A）正确　　　　　　　（B）不正确

13. 我们常说的西餐是对西欧各国菜肴的总称。

（A）正确　　　　　　（B）不正确

14. 西餐进餐中任何时候都不可将刀叉的一端放在盘上，另一端放在桌上。

（A）正确　　　　　　（B）不正确

15. 番茄酱一般制成罐头制品，番茄沙司大都用瓶装。

（A）正确　　　　　　（B）不正确

16. 微波炉加热均匀，易使食物产生金黄色外壳，风味较好。

（A）正确　　　　　　（B）不正确

17. 用切片机切削的食物厚度比用手工切削的更均匀，厚薄一致。

（A）正确　　　　　　（B）不正确

18. 冰箱除霜时不能使用利器铲刮。

（A）正确　　　　　　（B）不正确

19. 不能把低于室温的菜点放入冷藏设备中。

（A）正确　　　　　　（B）不正确

20. 菜板有树脂和木质两种。树脂菜板干净、耐用，但韧性差。

（A）正确　　　　　　（B）不正确

21. 土豆压泥器有旋转式和挤压式两种，由不锈钢制成，主要用于将生土豆制成蓉状。

（A）正确　　　　　　（B）不正确

22. 西方人的饮食习惯是在上热菜之前先喝汤。

（A）正确　　　　　　（B）不正确

23. 冷汤的食用温度以1～10℃之间为宜，不可加冰块食用。

（A）正确　　　　　　（B）不正确

24. 色拉泛指一切凉拌菜。

（A）正确　　　　　　（B）不正确

25. 对短时间旺火加热的菜肴，应将原料加工成切块较大的形状。

（A）正确　　　　　　（B）不正确

26. 对畜肉类原料进行分档，就是把不同部位的肉分别取下。

（A）正确　　　　　　（B）不正确

27. 米饭和面食可用来制作成西餐的配菜。

（A）正确　　　　　　（B）不正确

★标准答案：

1.(B) 2.(B) 3.(A) 4.(A) 5.(A) 6.(A) 7.(B) 8.(A) 9.
(A) 10.(A) 11.(B) 12.(A) 13.(B) 14.(A) 15.(A) 16.
(B) 17.(A) 18.(A) 19.(B) 20.(A) 21.(B) 22.(A)
23.(B) 24.(A) 25.(B) 26.(A) 27.(A)

二、单项选择题

1.( )不属于常见的西式快餐品种。
　(A)色拉　　　(B)热狗　　　(C)汉堡包　　　(D)比萨
2.要用( )的植物油制作西餐冷菜是制作的一个基本要求。
　(A)熔点高　　(B)熔点低　　(C)易凝结　　　(D)易消化
3.千岛汁是以( )为基础衍变出的一种沙司,常用于色拉和部分热菜肴的调味。
　(A)马乃司　　(B)番茄沙司(C)辣椒沙司　　(D)鞑靼沙司
4.胶冻类菜肴是提取动物( ),把加工成熟的原料制成透明的冻状冷菜。
　(A)骨胶　　　(B)蛋白　　　(C)胶质　　　　(D)脂肪
5.把啫喱片及蛋清放入煮料的原汤中加热,微沸,至汤中的( )与蛋白质凝结为一体时,用筛子过滤,即为胶冻汁。
　(A)结缔组织　(B)骨胶　　　(C)胶质　　　　(D)杂质
6.打蛋黄酱时加入白醋后,酱的颜色会变( )。
　(A)黄　　　　(B)白　　　　(C)红　　　　　(D)黑
7.制作西芹苹果色拉,芹菜应该切( )。
　(A)丁　　　　(B)粒　　　　(C)斜刀片　　　(D)直刀片
8.制作西芹苹果色拉,西芹片与苹果丁应该拌入( ),搅拌均匀。
　(A)蛋黄酱　　(B)油醋汁　　(C)荷兰酱　　　(D)凯撒汁
9.微波炉是利用将电能转换成微波、通过高频电磁场对介质加热的原理,使原料分子( )而产生高热。
　(A)产生运动　(B)剧烈摩擦(C)剧烈振动　　(D)迅速膨胀
10.西餐在发展过程中逐步形成了自身的菜肴类别,一般按上菜顺序依次为（　）。

(A) 汤、冷菜、主菜、甜食、水果　　(B) 冷菜、汤、主菜、甜食、水果

(C) 甜食、冷菜、汤、主菜、水果　　(D) 主菜、冷菜、汤、甜食、水果

11. 胡椒按品质及加工方法通常可分为（　）两种。

(A) 白胡椒和黑胡椒　　　　　(B) 胡椒粉和胡椒粒

(C) 胡椒粉和胡椒碎　　　　　(D) 藤椒和花椒

12. 香叶是（　）的叶。

(A) 香菜　　(B) 香樟树　　(C) 月桂树　　　(D) 梧桐树

13. 吃葱蒜后嚼一点（　），可消除口齿中的异味

(A) 茴香　　(B) 艾草　　(C) 迷迭香　　　(D) 香芹叶

14. 燃烧口处用钢板覆盖，一次可支持多个锅的是（　）。

(A) 电灶　　(B) 平顶灶　　(C) 煤气灶　　　(D) 明火灶

15. （　）内装有风扇以利于烤箱内空气对流和热量传递，因此食物加热速度快，比较节省空间和能量。

(A) 对流式烤箱　　　　　(B) 辐射式烤箱

(C) 燃气烤箱　　　　　(D) 远红外电烤箱

16. 各种煤气炉灶点火时，要用（　）。

(A) 火柴　　(B) 点火棒　　(C) 打火机　　　(D) 纸张直接点火

17. 油炸食品时，油不能过满，锅里的油不应该超过油锅容量的（　）。

(A) 四分之一　　　　　(B) 二分之一

(C) 三分之二　　　　　(D) 三分之一

18. 电气设备起火时，应该先（　）。

(A) 浇水　　　　　(B) 关闭电源

(C) 用 CO_2 灭火器灭火　　　　　(D) 用干粉灭火器灭火

★ 标准答案：

1.(A)　2.(B)　3.(A)　4.(C)　5.(C)　6.(B)　7.(A)　8.(A)　9.(C)　10.(B)　11.(A)　12.(C)　13.(D)　14.(B)　15.(A)　16.(B)　17.(C)　18.(B)

三、多项选择题

1. 按照西餐的用餐礼仪,使用刀叉进餐时,可以( )。
   (A) 在谈话时拿着刀叉,无需放下
   (B) 在每吃完一道菜后,将刀叉并拢放在盘中
   (C) 在谈话时,持刀叉做手势
   (D) 一手拿刀或叉;另一手拿餐巾

2. 西式冷菜有( )等。
   (A) 色拉　　(B) 沙司　　(C) 胶冻　　(D) 冷肉

3. 西餐色拉按用餐方式可细分出的种类有( )等。
   (A) 开胃色拉　　　　　(B) 配菜色拉
   (C) 餐后色拉　　　　　(D) 水果色拉

4. 蛋黄酱富有蛋黄味,口味微( )。
   (A) 酸　　(B) 辣　　(C) 苦　　(D) 咸

5. 常见的西式快餐品种主要有( )等。
   (A) 三明治　　(B) 比萨饼　　(C) 意大利面条　　(D) 热狗

6. 西餐中常用的醋主要有( )等。
   (A) 白醋　　(B) 香醋　　(C) 葡萄酒醋　　(D) 果醋

7. 迷迭香口味浓重,使用不易过多,在西餐菜肴中多作为( )的调味料。
   (A) 猪肉　　(B) 羊肉　　(C) 海鲜　　(D) 野味

8. 如果厨房中的油锅起火应使用( )等设备。
   (A) 灭火毯　　　　　(B) 泡沫灭火器
   (C) 洒水喷头　　　　(D) 给水装置

9. 西餐就座时,应该( )。
   (A) 身体端正　　　　(B) 手肘放在桌面上
   (C) 不可跷足　　　　(D) 紧靠餐桌

10. ( )是西餐的基础沙司之一。
    (A) 冷沙司　　(B) 热沙司　　(C) 素沙司　　(D) 荤沙司

11. ( )是西餐的基础清汤。
    (A) 鸡清汤　　(B) 鸭清汤　　(C) 牛清汤　　(D) 鱼清汤

12. 削旋主要用于( )等原料的去皮和旋形。

　　(A)畜类　　(B)禽类　　(C)蔬菜　　　　(D)水果

13. 沙司滋味的来源和色彩的形成,需要依靠( )等。

　　(A)色素　　　　　　(B)原料本身

　　(C)调料　　　　　　(D)食品添加剂

14. 厨房工作人员在岗位上操作时不能( )。

　　(A)抽烟　　(B)吃零食　(C)佩戴首饰　　(D)挠头皮

15. 刀具不使用时可以( )。

　　(A)挂放在刀架上　　　(B)摆放在工具箱内

　　(C)放在切配台边　　　(D)放在砧板上

★标准答案:

1.(A)　2.(A)(C)(D)　3.(A)(B)(C)　4.(A)(D)　5.(A)(B)(C)
(D)　6.(A)(C)(D)　7.(B)(D)　8.(A)(B)　9.(A)(C)　10.(A)(B)
(C)　11.(A)(C)(D)　12.(C)(D)　13.(B)(C)　14.(A)(B)(C)
(D)　15.(A)(B)

图书在版编目（CIP）数据

西式烹调师基础/上海市青浦区初等职业技术学校
编著. —上海：上海科技教育出版社，2018.2
　ISBN 978-7-5428-6644-8

　Ⅰ. ①西…　Ⅱ. ①上…　Ⅲ. ①西式菜肴—烹饪
Ⅳ. ①TS972. 118

中国版本图书馆CIP数据核字（2017）第294221号

责任编辑　王克平
封面设计　李梦雪

西式烹调师基础
上海市青浦区初等职业技术学校　编著

出版发行　上海科技教育出版社有限公司
　　　　　（上海市柳州路218号　邮政编码200235）
网　　址　www.sste.com　www.ewen.co
经　　销　各地新华书店
印　　刷　常熟市文化印刷有限公司
开　　本　890×1240　1/32
印　　张　5.25
版　　次　2018年2月第1版
印　　次　2018年2月第1次印刷
书　　号　ISBN 978-7-5428-6644-8/TS·35
定　　价　36.00元